JN206297

日本捕鯨史【概説】

Nakazono Shigeo

中園成生

◉古小烏舎

装丁　毛利一枝

〈カバー・表〉
『勇魚取絵詞』より「背美鯨　座頭鯨」
（北海道大学大学院水産科学研究院図書室所蔵）

〈カバー・裏〉
『勇魚取絵詞』より「萬銛全図　萬銛込全図」
（北海道大学大学院水産科学研究院図書室所蔵）

〈表紙〉
「肥前国小河嶋鯨場絵図」
（佐賀県立名護屋城博物館所蔵）

〈本扉〉
『勇魚取絵詞』より「生月御崎納屋場背美鯨漕寄図」
（佐賀県立名護屋城博物館所蔵）

日本捕鯨史【概説】◉目 次

はじめに

筆者は昭和六三年（一九八八）に佐賀県呼子町に赴任した事を契機に捕鯨史に関する調査・研究を始め、長崎県の生月町に移籍後の平成七年（一九九五）に開館した生月町博物館・島の館で捕鯨の展示に取り組んだ。この展示を立ち上げる際に考えた日本捕鯨史のモデルを用いて日本捕鯨の歴史を紹介したのが、平成一三年（二〇〇一）に長崎新聞社から刊行された『くじら取りの系譜』（初版）だった。

筆者が研究を始めた当時、日本捕鯨を把握するための時代区分については福本和夫氏が『日本捕鯨史話』（一九六〇年）で提示したモデルがよく用いられていた。このモデルは進化史観に基づき、日本捕鯨の歴史を捕鯨法（漁法）の五段階の単線的な発展段階として捉えたものだった。しかしこのモデルでは、呼子や生月島を含めた平戸地域の捕鯨の歴史は上手く整理出来ない事に気づき、それに代わるモデルの必要性を痛感した。『くじら取りの系譜』は、福本氏のモデルに代わる捕鯨法の定義と時代区分を提示した上で、それを用いて日本捕鯨の歴史的な展開を概説したものだった。

それから今日に至る一八年の間には、捕鯨史研究に資する様々な取り組みがあった。平成一三年（二〇〇一）三月からは日本伝統捕鯨地域サミットが全国の捕鯨関係市町村で五回開催され、平成一六年（二〇〇四）からは立教大学で科学研究費補助金基礎研究「グローバリゼーションと反グローバリゼーションの相克（通称「鯨科研」）」が、平成二〇年（二〇〇八）からは国立民族学博物館の共同研究「捕鯨文化に関する実践人類学的研究」が実施された。こうした会合、研究会には国内の捕鯨地域や研究機関から様々な分野の研究者が参加し、鯨や捕鯨に関する多くの知見が紹介され、参加させていただいた私も大いに学ばせて貰った。こうした学びの成果の一端は、平成二一年（二〇〇九）に弦書房より刊行された『鯨取り絵物語』（共著）や様々な論考で紹介したが、今回『くじら取りの系譜』を大幅に改訂し本書を刊行しようと思ったのは、学びを経て得た日本捕鯨史の最新理解を呈示する事とともに、『くじら取りの系譜』の時点では紹介できなかった、日本が捕鯨モラトリアムを受け入れて商業捕鯨を一時停止した昭和六三年（一九八八）以降の状況についても、取り上げる必要があると感じたからでもある。

平成三〇年（二〇一八）末、日本政府は国際捕鯨取締条約（ＩＣＲＷ）、および同条約の加盟国によって構成された国際捕鯨委員会（ＩＷＣ）からの脱退を決め、令和元年（二〇一九）の七月から日本近海で商業捕鯨が再開されることとなった。こうした状況の中で、国内外の多くの方に、日本の捕鯨の歴史・文化についてい出来るだけ正しく理解して貰い、その上で捕鯨について自らの考え・意見を持っていただきたいと思ったのが、本書を執筆した一番の動機である。

第一章　日本捕鯨の概観

1　捕鯨とは何か

鯨は、ほ乳類の鯨目のなかで成体の体長がおおむね四メートルを越えるもので（厳密な区分ではない）、それ未満のものを海豚（いるか）と呼び、両者を合わせて鯨類という呼び方もする。鯨類を対象とする漁のうち、鯨を対象とするものを捕鯨、海豚を対象とするものを海豚漁という。

鯨の場合、死亡ないし行動不能の状態で海を漂流するものを「流鯨（ながれ）」、それが岸に漂着したものを「寄鯨（より）」といい、それらを確保する事も原始時代からおこなわれてきたと思われる。しかし「捕鯨」という語彙で規定される活動については、通常の営みの中で遊泳する鯨に対し、捕獲するための道具（漁具）を操作して捕獲する方法（漁法、鯨の場合は捕鯨法とも言う）を以て、積極的に捕獲行動をおこ

古式捕鯨業時代の日本の漁場

なう事だと定義付けられる。その捕鯨という行為の中には、専ら鯨を対象としておこなう場合の他に、他の対象を捕獲するための漁で偶発的に鯨を捕獲する場合や、鯨を含む様々な対象を捕獲する漁である場合もある。本書では、鯨の捕獲のみを意図しておこなう漁を「専業的捕鯨」、他の対象も含めた形でおこなう漁を「兼業的捕鯨」と整理する。

捕鯨がおこなわれる海域である漁場は、古式捕鯨業時代以前には、鯨の回遊ルートの中で半島・島など鯨が陸地に近接する場所に多く設定されている。

古式捕鯨業時代の日本列島には、房総半島先端部の安房漁場（千葉県）、紀伊半島から伊勢湾にかけての紀伊半島周辺漁場（愛知県、三重県、千葉県）、室戸岬・足摺岬先端部の土佐漁場（高知県）、対馬海峡域に面した西海漁場（山口県、福岡県、佐賀県、長崎県）の四つの大漁場が存在したが、大漁場の域内には実際に捕鯨がおこなわれる地点である小漁場が存在し、近接する複数の小漁場からなる中漁場が存在する。例えば大漁場である西海漁場の中には、壱岐漁場のような中漁場が複数存在し、壱岐漁場の中には勝本、前目、印通寺などの小漁場が存在する形となる。漁法に関する研究ではこうした漁場を単位に考察するのが基本となる。一方で、古式捕鯨業時代の鯨組の経済的側面の研究などの場合には、融資や税金等が問題となってくるので、例えば

「長州藩における捕鯨業の展開」のように、藩の範囲で捉えていく視点も重要となる。

2　世界の捕鯨における日本捕鯨の位置づけ

世界各地では、原始時代からさまざまな漁法による捕鯨がおこなわれてきた。その中には、捕鯨に携わる集団と、その集団が拠点とする場所の周辺の需要に対応して捕鯨がおこなわれるケースもある。例えば現在も銛（もり）打ちが船首からダイブして抹香鯨（まっこう）に長柄の銛を打ち込むユニークな突取法をおこなっているインドネシア・レンバダ島ラマレラの捕鯨や、アラスカ沿岸で北極鯨を捕獲しているイヌイットの捕鯨などが該当する。こんにち国際捕鯨取締条約で設定されている先住民生存捕鯨というカテゴリーはこれに近いが、用語から連想されるような伝統的な漁法が必ずしもおこなわれている訳ではない。一方、捕鯨集団の拠点から遠く離れた遠隔地まで鯨製品が流通する事で成立している捕鯨については、産業化した捕鯨という意味で「捕鯨業」と呼ぶことができる。世界の中には、伝播によって漁法などの類似性を有する捕鯨地域が各地に存在するが、その中で捕鯨業の段階に達していて広範な地域に展開するものを「捕鯨業文化圏」として捉えた場合、世界には古来二つの捕鯨業文化圏が存在してきた。

その一つは欧米捕鯨業文化圏である。同文化圏では一一世紀頃までにはイベリア半島北部のバスク地方で捕鯨業が始まり、一六世紀には北米沿岸で捕鯨がおこなわれるようになり、一七世紀にはイギリス、オランダが参入して北大西洋のスバルバール諸島などで操業するようになるが、その後北米大陸東岸にアメリカ人の操業拠点ができ、そこを根拠地に一九世紀までに世界中の海に漁場が拡大する。この操業は基本的に突取法に依り、大型帆船を捕鯨ボートの母船や鯨の解体・加工をおこなう工船とする形が取られている。その後一九世紀後半に同文化圏でノルウェー式砲殺法が発明されると、その方法による捕鯨が南氷洋を含む全世界でおこなわれ、近代捕鯨業時代に移行する。

もう一つは日本捕鯨業文化圏である。北部太平洋に面したユーラシア大陸東部から北アメリカ大陸北西部にかけての地域では、原始時代から各地で捕鯨がおこなわれてきたが、同文化圏はその南西端にあたる日本列島の本州以南で興り発展する。一六世紀後期には突取法による捕鯨が始まり、一七世紀には網掛突取法という独自の漁法が発明される。一九世紀になると、日本近海に進出してきた欧米捕鯨業の脅威を受けるようになり、一九世紀末にノルウェー式砲殺法を導入する事で、鯨肉食に対応した解体・加工などの独自性を有しながら欧米捕鯨業文化圏と一体化する事になる。なおその過程で、北海道に独自に存在したアイヌ捕鯨文化は消滅し、その展開地域は日本捕鯨業文化圏に包括されている。

二〇世紀後半になると、欧米諸国は経済的・環境保護的理由から捕鯨をやめていく。一九八五年に国際捕鯨委員会で商業捕鯨モラトリアムが採択された後は、日本、ノルウェー、アイスランドがノルウェー式砲殺法による捕鯨業を継続している他、インドネシア、フェロー諸島、北極海周辺の諸民族などが、それぞれの漁法による捕鯨をおこなっている。

3　捕鯨法（漁法）の分類と定義

捕鯨法も漁法の一分野であるので、漁法の基本的な捉え方に従う必要がある。漁法については漁獲対象を捕獲するために道具（漁具）を用いるが、それには捕獲に直接効果を及ぼす主漁具と、捕獲効果や操業効率を高めるために主漁具と併用して用いる副漁具という二つのカテゴリーが存在する（『改訂水産海洋ハンドブック』）。漁法名称には漁具名を冠する場合が一般的だが、主副存在する場合には主漁具の名称を尊重するのが相応である。その考えに立つ時、おもな捕鯨法は大きく突取、網取、銃殺、砲殺の四つのカテゴリーに分類できるが、同じ捕鯨法でも地域的な特徴や、改良などにより形態が異なる場合があり、前者には「式」、後者には「型」を付けて整理する。

突取（つきとり）捕鯨

手投げの刺突具を鯨に突き刺すことで捕獲する漁法のカテゴリーである。刺突具には先端付近に「返り」という抜けないための突起を持つ銛と、先が尖った剣（日本の捕鯨法を主に整理するため、便宜的にこの名称を用いる）がある。銛は、おもに綱で対象と船などの抵抗物とを繋ぎ、抵抗物を曳かせることで対象の体力を奪うための道具である。剣は、対象を突いて深手を負わせて仕留める道具である。

一般的な突取法では日本でも欧米でも銛と剣（欧米では槍(ランス)）を用いるが、抵抗力の弱い病気の鯨や子供の鯨を相手にした場合や、浅い海域に鯨が入り込んだ場合には、剣だけでこと足りる事もあった。日本捕鯨業文化圏では、縄文時代早期末（BC四〇〇〇年頃）には石銛を用いた突取がおこなわれていたと考えられるが、戦国時代後期にあたる一五七〇年頃、専業化した鯨組による突取法が確立し、各地に伝播するなかで改良されている。

延宝五年（一六七七）以降、突取をおこなう前段階で鯨を網に掛け、鯨の動きを制約する事によって突取を容易にする網掛突取法が確立する。従来この漁法には「網取捕鯨」「網取式捕鯨」等の名称が用いられてきたが、本漁法の捕獲行為の主体は突取、主漁具は銛・剣であり、網は重要な漁具ではあるが副漁具に過ぎない事から、網取という名称は相応しくない。

なおこれらの日本捕鯨業文化圏で成立した突取に属する漁法は、陸上に基地を置いておこなう沿岸捕鯨としておこなわれてきた。そのため厳密には沿岸型突取法、沿岸型網掛突取法という表記になる。

一方、欧米捕鯨業文化圏では、一一世紀頃までにイベリア半島北部のバスク地方で突取法による捕鯨業が興るが、当時は沿岸部に解体・加工の基地を設けておこなう形態だった。その後一六世紀にバスクの捕鯨業者が北米に進出する際には、捕鯨ボートを大型帆船に搭載して漁場に進出する母船型突取法の形態を取る（この場合の母船は、捕鯨にあたる船を収容する用途の船である）。さらに一七世紀のスバルバール諸島でのオランダ、イギリスの捕鯨業者による捕鯨では、大型帆船に母船とともに鯨を舷側で解体する役割を担わせている。ただし鯨油の加工は陸上に設けた基地でおこなっており、そういった意味では大型帆船は母船機能と部分的な工船機能を果たしている形になる。さらにその後、大型帆船の船上で鯨油の製造もおこなうようになった事で、完全な工船機能を有する事になり、母工船型突取法が成立する。

なお北海道を含む北部太平洋から北極海にかけての地域では、毒を塗布した銛を用いた毒銛突取法がおこなわれている。

網取（あみとり）捕鯨

鯨を確保する主漁具として網を用いる漁法のカテゴリーである。

断切（たちきり）網法は、湾口を網で締め切る事で対象を閉じ込め捕獲する漁法である。この漁法は、中世以来、海豚や鮪、鯨を取るために用いられ、京都府伊根（いね）浦では江戸時代から大正時代にかけて同漁法による捕鯨が継続されているが、同じ漁法で他の対象も取っている点においては兼業的捕鯨の位置づけになる。なお現在も、沖合から動力船でゴンドウ鯨や海豚を追い込む形態の断切網漁が、和歌山県太地（たいじ）でおこなわれている。

定置網法は、水中に固定的に設置された網（定置網）を用いて鯨を捕獲する漁法である。大規模な定置網が発達した江戸時代初期以降、主要な漁獲対象である鮪や鰤以外に、入り込んだ鯨を取ることは時折あった事から、兼業的捕鯨と捉えられるが、西海漁場では江戸時代後期以降、鯨専用の定置網が登場し、専業的捕鯨として成立している。

銃殺捕鯨

捕鯨で用いる銃とは、船に固定されていない手持ちの火器を指すが、それを用いてボンブランス（炸裂弾）や銛を発射することで鯨を捕獲する漁法のカテゴリーである。

但しボンブランスを最初に用いた時には、柄の先端に直接取り付け、それを手投げで鯨に当てて爆発させている。この場合は、文字通り欧米で用いた槍（ランス）の機能を火薬で強化したものであり、厳密には突取法の範疇に属する漁具になる。その後、木柄の先端にボンブランスを納めた短筒が付き、人力で投射して鯨に当たるとボンブランスが発射されるダーティングガン（日本では「ポスカン銃」と呼ばれた）が発明され、さらにショルダーガン（捕鯨銃）や肩負い式の捕鯨箭（せん）、捕鯨砲などでボンブランスを発射する方法が発明されている。日本においては、ポスカン銃と捕鯨銃を用いる方法が導入されており、これらを主漁具として用いた捕鯨が銃殺法と捉えられる。

砲殺捕鯨

船に台座を設けて固定した火器（砲）を用い、銛、炸裂弾、それらの複合弾体を撃ち込み、鯨を捕獲、殺傷、その両方をおこなって鯨を捕獲する漁法のカテゴリーである。

明治時代に入ると、欧米から米国中砲やグリーナー砲を用いた砲殺法が導入され、国内でも関澤式中砲や前田式多連装砲を用いた砲殺法が開発されている。しかし日本を含めた世界の捕鯨の流れを決定的に変え、近代捕鯨業時代を現出させた漁法はノルウェー式砲殺法である。これには陸上に解体加工基地を持つ沿岸型と、洋上の工船で解体加工をおこなう工船型がある。後者は従来「母船式捕鯨」と呼び慣わされてきたが、この語法は潜水艦の補給などに当たる船を潜水母船と呼ぶ形に近い。ノルウェー式砲殺法で用いる砲殺捕鯨船（キャッチャーボート）は、独航で漁場に赴いて操業する形態で、母船に搭載される事は無く、母船と呼ばれる船は本来、解体加工という工船の役割を専ら果たしている。そのため捕鯨工船と呼称するのが実情に即している。

4　日本捕鯨の時代区分

日本捕鯨業文化圏でおこなわれてきた捕鯨（簡単に言えば日本捕鯨）を歴史的に紹介する場合、まずは遠隔地と商売する目的で捕鯨をおこなう捕鯨業の成立以前とそれ以降で時代が区分でき、前者を初期捕鯨時代、後者を捕鯨業時代と整理でき、さらに捕鯨業時代は古式捕鯨業時代と近代捕鯨業時代に二分できる。なお今日も近代捕鯨業時代が続いていると捉えるか、近代捕鯨業時代は既に終わったと捉えるか、見解が分かれる所だと思うが、筆者は国際捕鯨委員会（ＩＷＣ）の決定で昭和六三年（一九八八）に商業捕鯨が一時停止した（モラトリアム）時点で近代捕鯨業時代は終わり、その後は管理捕鯨時代という新しい時代に入ったと捉えたい。以下、日本捕鯨の各時代について概要を紹介するが、各地域においては漁法の導入時期などで時代や時期の設定に差が存在する。

初期捕鯨時代

捕鯨が専門の集団によって産業化される以前は、他の漁も兼ねる形で、時に応じて臨時の組織が編成されて捕鯨をおこない、捕獲された鯨体から得られた肉や油なども、捕鯨に従事した人々を中心に、漁場に近接する地域に主に分配流通する、自給的な消費に多く対応した形態だった。こうした捕鯨は日本列島においては縄文時代早期末（ＢＣ四〇〇〇年）に始まったと思われ、中世後期まで各地でおこなわれている。

なお北海道では、四世紀から九世紀にかけて北部と北東部沿岸で展開したオホーツク文化で突取捕鯨がおこなわれ、近世以降には噴火湾でアイヌによる毒銛突取がおこなわれているが、これらの北海道の捕鯨については、本州以南で展開した日本捕鯨業文化圏とは別の文化と捉えられる。

古式捕鯨業時代

日本列島で捕鯨が、地域消費の域を越えた広範な商品流通を前提におこなわれるようになり、専業の捕鯨集団である鯨組が組織され、産業としての形態を取るようになる段階は、現時点では『西海鯨鯢記』の記述にある戦国時代後期の元亀年間（一五七〇〜七三）より始まった伊勢湾（愛知県）の捕鯨である。それ以降が捕鯨業時代となるが、前半の、解体加工をおこなう陸上の基地（納屋場）を拠点に、おもに櫓漕ぎで出漁できる範囲を漁場として、回遊してくる鯨を対象とした漁を専らおこなっていた時代を古式捕鯨業時代と設定している。この時代は突取捕鯨に属する突取法、網掛突取法をおもな漁法とするが、他に網取、銃殺捕鯨に属する漁法も時期や地域を限定しておこなわれている。この時代は前期、中期、後期の三期に区分されるが、前中期においては幕府の対外政策で漁場が沿岸に限定された事や、人力に拠る技術の限界などで、概ね鯨の頭数回復に影響を与えない範囲で操業が継続されている。しかし後期には、欧米捕鯨業の進出によって日本近海の鯨資源は大きなダメージを受けている。

①前期：始まりは元亀年間（一五七〇〜七三）で、突組がおこなう突取法が主要な漁法として展開した時期

②中期：紀州で網掛突取法が創始された延宝五年（一六七七）を始まりとし、網掛突取法が主要な漁法として展開した時期

③後期：始まりは幕末の不漁が深刻となる弘化年間（一八四四〜四八）頃。不漁で国内の捕鯨業全体が衰退するなかで、内外のさまざまな漁法が同時並行的におこなわれた時期で、近代捕鯨業時代への過渡期と捉える事ができる

近代捕鯨業時代

欧米捕鯨業からもたらされたノルウェー式砲殺法を主要な漁法とし、広範な漁場で機動的な捕鯨がおこなわれた時代である。遠洋捕鯨株式会社が烽火（ほうか）丸で実験操業を始めるとともに、日本遠洋漁業株式会社が設立された明治三二年（一八九九）から、東洋漁業（日本遠洋漁業株式会社の後身）が国内漁場の本格開拓を開始し、国内漁場においてノルウェー式砲殺法の圧倒的優位を示した明治三九年（一九〇六）にかけてを漸移的な始期と捉える。この時代には、鯨の頭数の回復スピードを遥かに超えた捕

獲効率を有する技術（ノルウェー式砲殺法）によって、鯨の捕獲が前の時代と比べものにならない規模でおこなわれ、結果的に鯨の減少を招くことになる。この時代も前期と後期に区分できる。

①前期：始まりは明治三二年（一八九九）から三九年（一九〇六）にかけてで、沿岸型ノルウェー式砲殺法による捕鯨の導入・展開期と捉えられる

②後期：始まりは、日本で南極海への出漁が開始された昭和九年（一九三四）で、捕鯨業全体のなかで、極洋における工船型ノルウェー式砲殺法による捕鯨の担う役割が大きくなっていった時期である。終わりは昭和六三年（一九八八）に商業捕鯨モラトリアムを受けて日本沿岸での大型捕鯨を一時停止した時点

管理捕鯨時代

昭和六三年（一九八八）以降、日本は南極海や北太平洋などで工船型ノルウェー式砲殺法を用いた調査捕鯨に取り組み、蓄積した科学的データに基づき商業捕鯨の再開を国際捕鯨員会（ＩＷＣ）で働きかけるが、反捕鯨国の反対で実現に至らなかった。一方国内では、国際捕鯨取締条約の対象外の鯨種である槌(つち)鯨、ゴンドウ鯨を捕獲する沿岸型ノルウェー式砲殺法が継続し、平成一三年（二〇〇一）以降は定置網に入って死んだ混獲(こんかく)鯨の流通も認められる。この時代は、資本主義の原理に引きずられて鯨を乱獲した前時代の反省に立ち、高い効率を有する技術に科学的根拠に基づく制度による制約を掛けながら、生態系の保全と捕鯨を両立させる事が求められる時代だと言える。

平成三〇年（二〇一八）年末、日本政府は国際捕鯨取締条約からの脱退を通告し、令和元年（二〇一九）七月以降、日本近海での商業捕鯨が再開される事になるが、この再開時点を画期とし、それ以前をとりあえず前期とする捉え方を提起したい。

5　日本近海で捕獲された鯨の種類

鯨目はムカシクジラ亜目（すでに絶滅）、ヒゲクジラ亜目、ハクジラ亜目の三つに分かれる。ヒゲクジラ亜目の口には魚やプランクトンを濾し取る役目の鯨髭が生えており、髭鯨として紹介する。ハクジラ亜目には文字通り歯が存在するため、歯鯨と紹介する。なお鯨目にはいわゆる海豚も含まれ、おおむね成体で体長四メートル以上は鯨、それ以下は海豚とされているが厳密な区分ではない。日本列島で捕獲されてきたおもな鯨の種類と捕獲の概要を次に記す。

①背美鯨（せみ）
背鰭（せびれ）がなく、ずんぐりした体形の体長一三・五〜一七メートル程の髭鯨。近縁種である北極鯨も含め、世界的に主要な捕獲対象となってきたが、日本でも古式捕鯨業時代最重要の対象で、古式前期から突取法で盛んに捕獲された。この鯨は動きが遅い、潜るのも浅い、死んでも浮いているなど取りやすく、皮

脂層も厚いため油も多く取れるなど良い所ずくめだった。しかし古式後期に入る幕末には、欧米捕鯨業の日本近海での操業の影響で激減している。

②座頭鯨

長い胸鰭が特徴の体長一三メートル程の髭鯨。背美鯨より速く、深く潜るので捕獲は難しく、同種を効果的に捕獲するために網掛突取法が考案されたとされる。古式中期には背美鯨とともに主要対象となるが、後期には減少に向かい、近代捕鯨業時代に入るとさらに減少した。

③白長須鯨・長須鯨

白長須鯨は体長二五～二六メートル程、長須鯨は同一九～二二メートル程のすらりとした髭鯨。昔は白長須鯨も長須鯨に含めて勘定されていた可能性がある。座頭鯨より速く泳ぎ、深く潜り、そのうえ音に対して反応しないので、網掛突取法でも捕獲は容易ではなかった。また巨大ではあるが脂肪分が少ないので、古式中期までは労力の割には報われない対象だった。古式後期には、鯨肉需要の高まりもあって、個体数が多く残るこの鯨の捕獲を目的として網掛突取法の改良や、銃殺法、砲殺法の導入が図られた。近代捕鯨業時代にはノルウェー式砲殺法の主要対象となったため数は激減した。

④克鯨（児鯨、青鷺）

体長一三～一四メートル程の髭鯨。沿岸性でしばしば湾内にも入ってくるため古くから対象になってきたと思われ、古式捕鯨業時代の初めに伊勢湾で取られた鯨の多くも同種と推測される。音にも驚かず、性質も荒いため、網組でも専ら突取法で取っている。朝鮮半島東岸を回遊して西海漁場に至る群もいたと考えられているが、近代捕鯨業時代前期に盛んにおこなわれた朝鮮海域の捕鯨で激減した。

⑤抹香鯨（まっこう）

頭でっかちの体形の体長一一～一五㍍程の歯鯨。紀伊半島周辺漁場では昔から取られたが、深く潜る分、浮上している時間が長く、死後も浮いている良い獲物だった。紀州ではこの鯨を捕獲対象にしていたため、網組になっても突組の頃と同様多数の銛を搭載し、突取法だけで鯨を取る構えをしていたと考えられる。一八世紀以降の欧米の母工船型突取法で最重要の対象となった。

⑥槌鯨（つち）

尖った口吻（こうふん）を持つ体長一二㍍程の小型の歯鯨。古式捕鯨業時代から安房漁場の主な捕獲対象だったが、水深が深い海域を回遊するため網掛突取法には馴染まず、専ら突取法で取られた。近代捕鯨業時代以降も各種の砲殺法で取られ、現在も捕獲が続いている。

⑦鰯鯨（いわし）・ニタリ鯨

ともに体長一三～一六㍍程の髭鯨で、鰯鯨は太平洋岸の寒い海に、ニタリ鯨は対馬～山口県長門（ながと）市あたりから南の暖かい海に多いという。捕獲が本格化するのは近代捕鯨業時代後期になってからだが、それ以降、数を減らした。

⑧ミンク鯨

体長八メートル程の小型の髭鯨のため従来顧みられなかったが、昭和初期以降小型沿岸砲殺捕鯨の対象となり、戦後暫くは沿岸でたくさん捕獲された。南極海の工船型ノルウェー式砲殺法でも終わり頃には主要対象となり、商業捕鯨モラトリアム以降も調査捕鯨で捕獲されている。

⑨ゴンドウ鯨（巨頭鯨）

オキゴンドウやコビレゴンドウなどを包括した呼称。体長五メートル程の小型の歯鯨で、群れをなして回遊し、紀伊半島周辺漁場では古式捕鯨業時代から捕獲されていた。近代捕鯨業時代に入ると各種砲殺法で捕獲され、現在も追い込みを伴う断切網で捕獲されている。

6　日本捕鯨史の研究

本章の最後に日本の捕鯨史研究について紹介したい。日本の捕鯨を歴史的に概説した最初の本は、平戸で捕鯨に関わった家の谷村友三が享保五年（一七二〇）に記した『西海鯨鯢記』である。日本の捕鯨業の始期について言及した記述がある他、書かれた時期が突取法から網掛突取法への移行期に近いため、両法の違いについて言及がなされている。文化五年（一八〇八）に仙台藩の学者、大槻清準が記した『鯨史稿』では、日本のみならず世界まで視野に入れて捕鯨を総合的に紹介している。

明治時代に入ると様々な産業分野を紹介する書籍が刊行されるが、そのなかに明治二一年（一八八八）に服部徹が著した『日本捕鯨彙考』がある。『鯨史稿』や捕鯨図説『肥前国産物図考』『勇魚取絵詞』などの江戸時代の文献・史料を総覧しつつ、明治期に外国から導入された捕鯨法の情報も加え、当時の日本捕鯨の集大成をおこなっている。

明治三〇年代にノルウェー式砲殺法が導入された後の明治四三年（一九一〇）には、東洋捕鯨株式会社が編集した『本邦の諾威式捕鯨誌』が刊行されている。書名が示す如く、当時普及し始めた諾威式捕鯨（ノルウェー式砲殺法）についても紹介している。

昭和一八年（一九四三）には水産史研究者の伊豆川浅吉が『土佐捕鯨史』を世に出している。膨大な史料に依拠して、土佐漁場における捕鯨の歴史的な著述を図ったものだが、章名に突取捕鯨業時代、網捕鯨業（初期、進展過程、幕末、明治前期）、産業革命とあるように、近代に至るまでの捕鯨の展開を時代毎に著述した点で、日本の学術的な捕鯨史研究の出発点と言える。

近年まで日本捕鯨の歴史的理解に大きな影響を与えてきたのが、経済学者で日本共産党の理論的指導者だった福本和夫が昭和三五年（一九六〇）に記した『日本捕鯨史話』である。本書では日本捕鯨の史的展開を次のような五段階の発展段階の形で呈示している。

第一段階　弓取法による捕鯨時代
第二段階　突取法による捕鯨業時代
第三段階　網取法による捕鯨業時代
第四段階　銛にボンブランス併用による捕鯨業時代
第五段階　ノルウェー式捕鯨砲による捕鯨業時代

このようにマルクス主義の歴史観に則り、捕鯨の歴史を発展段階として呈示しており、一目見て理解できる分かりやすさを備えた歴史モデルであるため、近年まで捕鯨研究でよく利用されてきた。しかし、日本列島の各地で各時代に展開してきた多様な捕鯨の様相を、漁法の名称を付けた単線的な段階として捉える事には無理があり、最初に発展段階ありきで、その枠組みに枝葉を落として無理に押し込めた点は否めない。筆者の捕鯨史研究もこの福本モデルの超克を企図して始まった所があり、そのため本書では既に説明してきたように、時代に捕鯨法の名称を付けない形にした上で、漁法（捕鯨法）の分類は別途おこなっている。

なお捕鯨に関しては、経済学、海事史、漁業史、文化史、考古学、民俗学、文化人類学などの分野で様々な研究が進んできた。それらの成果については次章以降で取り上げていきたい。

第二章　初期捕鯨時代

専門の集団によって産業化される以前の捕鯨がおこなわれた時代を、初期捕鯨時代と設定する。時代の始まりは今のところ縄文時代早期末（BC四〇〇〇年頃）を想定しており、終わりは、『西海鯨鯢記』の記述で、伊勢湾で専業の鯨組による突取法の捕鯨が始まったとされる元亀年間（一五七〇～七三）としている。この時代の期間は数千年にも及び、原始的な突取法や断切網法が時代や地域を限っておこなわれた事が資史料から推測されるが、全体像は把握できていない。

1　原始・古代の捕鯨

原始捕鯨は存在したか

食料の安定確保が期待できる農耕や牧畜が導入される以前、人類は採集や捕獲などの手段で食料その他の物資を確保したが、その中でもいかに安定した形でそれらを確保し続けるかは重要な課題だった。縄文時代の大規模集落が発掘された青森県の三内丸山遺跡では、集落の周囲に栗の木を植林して安定供給をはかっているが、同遺跡がある東日本では、秋に川を遡上する鮭も多くの人口を支える基盤になったと考えられている。鮭は定期的に大量の確保が可能なうえ長期保存ができたからである。

日本列島を囲む海は世界有数の漁場として知られる。今日私たちが見る海の姿は、長年にわたる乱獲や環境汚染によって衰弱しているが、かつては岸近くで魚が大群をなして泳ぐ光景が普通に見られた。巨大な鯨も例外ではなく、長崎県北部にあり九州本土と平戸島を分かつ、最狭部が五〇〇メートル程ほどしかない平戸瀬戸ですら、長須鯨や座頭鯨などの大型鯨類が泳ぐ姿を昭和二〇年（一九四五）頃まではよく目にしたという。

大型鯨の背美鯨・長須鯨・座頭鯨などは、夏から秋にかけての時期、餌が豊富なオホーツク海以北の海で暮らしている。そこは冬期の流氷の運動によって海底の栄養分が撹拌され、解氷後には大量のプランクトンが発生する豊穣の海で、鯨にとってこの上もない餌場である。北の海に寒さが増す頃、鯨は日本海・太平洋沿いの回遊路を通って南下し、南の暖かい海域に達して冬を越す。ここで雌鯨は子供を産み、春になると北上して豊かな北の海に戻る。抹香鯨や槌鯨は、太平洋側の本州南岸から三陸、北海道東岸にかけて回遊する。こうした回遊は日本列島を囲む海が誕生してこのかた繰り返されてきたと考えられる。

さて、オホーツク文化やアイヌ文化などで独自の捕鯨が展開した北海道を除く、本州以南の日本列島では、縄文時代から鯨類の捕獲がおこなわれていた事が確認できる。海豚については、能登半島東岸の真脇遺跡（石川県能登町）や富山湾岸の朝日貝塚（富山県氷見市）などから大量の海豚骨が出土しており、前者は突取、後者は断切網による捕獲がおこなわれた事が推測されている。一方、鯨については、遺跡からの鯨骨の出土例はあるものの、一カ所における数が少ない例が多く、漂着した鯨（寄鯨）を利用する程度だったという意見も根強い。

石器や土器が語る縄文捕鯨の可能性

その中で、長崎県平戸市田平町のつぐめの鼻遺跡は、縄文時代早期末（BC四〇〇〇年頃）に積極的に鯨を捕獲する行為（捕鯨）がおこなわれた可能性を示す遺跡である。この遺跡は平戸島と九州本土を隔てる平戸瀬戸に面しているが、この海峡では前述したように昭和初期頃まで鯨の回遊が確認されている。この遺跡からは発掘調査や表面採集でサヌカイト（安山岩）製の石銛と呼ばれる石器が数百点見つかっており、石銛の中には長さ九センチ、重さ一〇〇グラムを越えるものもあるが、鯨などの刺突に使われた石器と推測されている。また鎌崎型スクレーパーや石匙などの種類を含めたスクレーパー類も数千点見つかっており、こちらは鯨の解体にも用いた道具だと推測される。

石銛は、三角矢印のように先端が尖り、側面に突起や膨らみが付く形をしている。その部分が対象内に留まるための返りなのか（銛）、傷を大きくするためのものなのか（剣）判断が難しいところだが、石銛の中に形状が違うものがある事から、銛と剣の両方の用途のものがあるのかも知れない。石銛を柄に装着した道具は、大型で動きが緩慢な対象に対して、手に持って全体重をかけて突き刺すか、強い力で投げて刺したことが想像される。例えばインドネシアのラマレラで現在もおこなわれている突取法では、人が銛を持ったまま鯨にダイブし、体重を掛けて突く方法が採られている。一方、北海道アイヌの捕鯨では、銛先に毒を塗った銛を用いたが、どちらも銛綱で船を曳かせて鯨を疲労させる形を取っている。

平戸瀬戸のような狭い海峡では、鯨の行動は潜水を含めて制約されるが、こうした海峡では鯨が潮流に逆らって泳ぐ習性がある事が、昭和初期におこなわれた銃殺捕鯨の記録から確認されている。そうだとすると、手漕ぎの丸木船などでも待ち伏せや併走して鯨を突く事は難しく無かったと思われる。また

つぐめの鼻遺跡出土の石銛（島の館蔵）

健康な成体を取る必要はなく、自然界の掟のままに、子供の鯨や老いた鯨、病気や怪我で動きの鈍い鯨を狙えば良かった筈である。原始・古代には平戸瀬戸のように、捕鯨に適した地形条件を持つ場所で、適した漁場環境（水位など）を有した時期に限って、捕鯨がおこなわれた事が考えられる。

なお取った鯨の使い道については、おもに漁場周辺で肉や油として消費されたと思われるが、思いのほか広範囲に流通していた可能性を考えさせる遺物もある。縄文時代中期に九州で用いられた阿高（あたか）式土器の中には、鯨の椎骨の間にある円盤形の椎端板という骨を製作台にして作られたものがある。底に椎端板特有のでこぼこ模様がついていたため分かったのだが、この骨は回転させやすく表面がで

こぼこしているため、土器の製作台にうってつけだった。この「鯨底」と呼ばれる土器は、北部九州から熊本にかけて広く分布しているが、特に集中的に見つかっているのが熊本平野の南部にある貝塚群である。同地域は宇土半島の根元にあたる低海抜の地域で、縄文海進期には有明海と不知火海を結ぶ海峡があったと考えられている。ここでの捕鯨の可能性は、捕鯨に伴う道具が確認されていないので不明だが、海峡周辺で寄鯨が高い頻度で起こっていた可能性もある。鯨底土器が各地で出土するという事は、熊本平野南部で得られた椎端板が土器製作台という「商品」として流通した可能性もあるが、鯨が得やすい地域で鯨底土器が製作され流通した可能性も考えられる。

弥生・古墳時代——線刻画の再検討

九州北西部沿岸の弥生時代の遺跡からは、鯨骨を材料にした道具が出土している。たとえば弥生時代、一支国の中心集落だったと考えられる長崎県壱岐市の原の辻遺跡からも、鮑起こし、銛先、紡錘車などの鯨骨製品が出土している。また同じ壱岐市のカラカミ遺跡や、西海市松島の串島遺跡、福江市の大浜遺跡などでも鯨骨製品が出土している。これらの遺跡の所在地はいずれも江戸時代の捕鯨漁場に近接しており、遡った時代にも鯨に対する何らかの活動がおこなわれていた可能性を示唆している。

平成一二年（二〇〇〇）には、原の辻遺跡から出土した甕に捕鯨の線刻画があったという発表があった。甕上部の頸辺りに、上から見た鯨を描いたとされるレンズ状のものに、数本の線が斜めに突き出して描かれていて、多数の銛が刺さった鯨だと解釈された。しかしそれは非常に単純な線画で、例えば上から見た複数の櫂を持つ船のようにも見え、鯨とするのはいささか飛躍のように思える。
同じ壱岐では、古墳からも捕鯨の線刻画が確認されたとされてきた。鬼屋窪（おにやくぼ）古墳の横穴式石室の壁に描かれた線刻画には、側面図で描かれた船の横に斜めに五本の線が描かれ、大小の魚状のものと線で結ばれている。船と比較しても大きな魚状の存在は鯨だと思われるが、この線刻画を古墳築造期のものだとするにはいくつかの問題がある。一つは記された船が江戸時代の鯨船の特徴を有している事である。船の絵は船尾が切って落ちたようになっているが、これは和船の艫（とも）の形状と一致する。また艫の上には柱状のものと、それに付く縦長長方形のものが記されているが、これは江戸時代、鯨に銛を突いた時に立てられた印旗そっくりである。船の横に連なる斜めに伸びた線も、原始・古代の船の線刻画に見られるような櫂（かい）というより、鯨船などの櫓（ろ）の表現に近い。鬼屋窪古墳自体も、以前から盛り土が失われ石室が露出しているため、後世に落書された可能性が否定できない。壱岐では他の古墳の石室からも船を描いた線刻画が見つかっているが、船の形状に注目して検証してみると、いずれも室町時代から江戸時代にかけての廻船や軍船の特徴に近く、古墳築造時ではなく後世に刻まれた可能性が高い。鬼屋窪古墳の線刻画を古墳時代に捕鯨がおこなわれた証拠とする事には、残念ながら疑問符を付けざるを得ない。

しかしだからと言って、古墳時代に捕鯨がおこなわれていなかったと断定する事もできない。例えば北九州市の貝島（かいしま）古墳群や佐賀県唐津（からつ）市加部（かべ）島の御手洗（おちょうず）古墳などからは鉄製の銛先が出土しているが、これらの古墳が鯨の回遊路に近接した島にある事から、鉄の銛先を付けた銛で鯨を突いた可能性はある。

万葉集の歌に登場する「鯨魚取・不知魚取・鯨名取（いさなとり）」という言葉が捕鯨を指すという指摘がある。捕鯨図説の名称に『勇魚取絵詞』とあるように、江戸時代には鯨の事を「いさな」と呼んだ例はある。ただ「いさなとり」は歌の中で捕鯨を示す言葉として用いられている訳では無く、単に海の枕詞として用いられている事は、「潟はなくとも　いさなとり　海辺をさして　にきたづの荒磯の上に　か青く生うる　玉藻沖つ藻」という歌の文脈から見ても明らかである。「いさなとり」が海の枕詞になっている理由は分らないが、鯨の存在が意識されている可能性は残る。

なお原始・古代の捕鯨に弓を用いたという説がある。出所は貝原益軒が宝永五年（一七〇八）に著した『大和本草』にある、昔は鯨を弓で取ったという記述で、大槻清準が『鯨史稿』にその記事を引用し、福本和夫氏も『日本捕鯨史話』の中で、捕鯨の五発展段階の第一段階に弓矢を用いる弓取法を位置づけている。しかし弓矢を用いた捕鯨の事例は、後述するように北海道アイヌの捕鯨法の一つとして確認できる程度で普遍的ではなく、現状では原始・古代の捕鯨は手投げの刺突具を用いた突取が一般的だったと思われる。

2　中世の捕鯨

中世の捕鯨について記された史料は少なく、不明な部分が多い。捕鯨がおこなわれた可能性がある鯨の回遊域に面した地域が、いずれも記録という行為が盛んにおこなわれた畿内から遠く離れた所であり、鯨製品の流通が地域消費の枠内に留まる限りは、たとえ捕鯨がおこなわれていたとしても、記録に残る可能性は低かったとも考えられる。

寄鯨の利用については若干の記録がある。たとえば長元八年（一〇三五）には紀州の有馬村で長さ四丈八尺（一五メートル弱）の鯨が上がり、油三〇〇樽を得たという記録がある（『熊野年代記』）。『師遠朝臣記』にも大治二年（一一二七）に肥前国神埼荘（佐賀県吉野ヶ里市付近）に漂着した鯨から人々が油を取り、体内から「珠」を採取して献上したという記事がある。また『吾妻鏡』にも貞応三年（一二二四）に三浦岬に上った鯨から鎌倉の人々が煎って油を取ったという記事がある。これらの記録から平安から鎌倉にかけての時代には、鯨を採油に用いていたことが分かる。

海豚については、中世に捕獲がおこなわれていた確かな記録がある。五島列島の中通島（長崎県新上五島町）に割拠していた豪族・青方重が、応安七年（一三七四）に書いた譲り状の財産（権利）には様々な網が記されているが、その中に「ゆるか網」が登場する。中通島東岸の有川湾では、近代に至るまで追込を伴う海豚の断切網漁がおこなわれ、周辺には海豚の食文化が色濃く残るが、その起源は中世まで遡る事が史料からうかがえる。

同じ長崎県の対馬でも、近世〜近代に海豚の断切網漁が盛んにおこなわているが、在地領主の大山氏が浅茅湾岸や対馬中部東岸における漁を督励する目的で記した応永一一年（一四〇四）付の文書には、「いるか」とともに「八かいの大もの（八海の大物）」というのが登場する。この名称は鯨を指し、現れたら怠りなく仕留めよと記されている事から、当時既に捕鯨がおこなわれていたと推測されている

(「対馬におけるイルカ漁の歴史と民俗」)。対馬の近世資料にも、海豚の断切網を用いて鯨を湾に閉じこめた記事が登場するが、中世後期にも海豚や鯨の断切網漁がおこなわれていたと考えられる。

室町時代に鯨肉が食べられていた事は、さまざまな書物の記述からうかがえる。延徳元年(一四八九)に記された『四条流包丁書』には、鯨は鯉より格上の食材として取り上げられている。『室町殿日記公方家御台所御用目録』にも「鯨一桶」という記述があり、足利将軍が食べる料理の中にも鯨料理があったと思われる。また『親元日記』の寛正六年(一四六五)の記録には「(伊勢国)鯨荒巻廿」とあるが、荒巻とは塩蔵(えんぞう)加工を施して長期保存に耐えるようにした鯨肉と思われる。また『言継卿記(ときつぐけいき)』にある弘治二年(一五五六)に山科言継が尾張篠島(しのしま)に滞在した際の記録には、亭主鯨(雄鯨)のたけり(性器の肉)二切れが出たとある。

これらの記述を見ると、室町時代には鯨肉は高級食材に位置づけられていた事が分かる。当時の鯨肉は京都のように漁場から離れた場所でも入手可能だったが、流通量が少ないために希少食材だったと思われる。しかしながら前述史料に登場する伊勢、尾張などが、きたるべき古式捕鯨業時代初頭に関係がある地名でもある点については注目される。平戸の谷村友三が享保五年(一七二〇)に記した『西海鯨鯢記』によると、元亀年間(一五七〇~七三)に知多(ちた)半島先端の師崎(もろざき)近海が日本における捕鯨(業)の始まりの場所だとされているが、さきの『言継卿記』に登場する伊勢、尾張の地名は、突取法による捕鯨業が開始されたのと同じ伊勢湾岸にある。このことから、この海域では従来より何らかの形で鯨が確保されていたが、戦国後期になって本格的に産業化したと考えるのも無理な推測では無い。

3　北海道の捕鯨文化

ここで、日本捕鯨業文化と流れを異にする北海道で展開した捕鯨についても触れておきたい。五世紀から九世紀にかけて北海道の北部・北東部沿岸で展開したオホーツク文化においては、海豚やアザラシとともに鯨が捕獲されていた。根室市の弁天島（べんてんじま）遺跡から出土した鳥骨製の針入れには、銛を打たれた鯨とそこから伸びた綱に繋がれた複数の人が乗る船の絵が刻まれており、突取による捕鯨がおこなわれていた事が分かる。また礼文（れぶん）島の香深井（かぶかい）遺跡（北海道礼文町）ではゴンドウ鯨の頭骨が複数置かれた石積遺構が見つかっていて、鯨の魂を祀る祭祀の跡だと思われ、信仰を伴う形で捕鯨がおこなわれていた事が考えられる。

その後一三世紀頃の成立とされるアイヌ文化の中でも、地域によって捕鯨がおこなわれていた事が確認されている。『噴火湾アイヌの捕鯨』によると、一九〇〇年頃に南西部の噴火湾ではノコルフンベと呼ばれる小鰯（いわし）鯨などが捕獲されており、車櫂で漕ぐ二〜三人乗りの船で魚や海獣を突いている時などに鯨が浮上すると、トリカブトの毒を銛先に塗ったハナレまたはキテと呼ぶ銛を打ち込む。柄は抜けて銛先だけ体内に残るが、鯨を毒で弱らせる一方で、銛先から延びた手繰綱により船を曳かせて体力を消耗させる。最初は近くの船が自船に載せてある三〜四本の銛を打ち込む程度だが、近隣の村に使いを出して協力を仰ぐため、鯨の逃走とともに次々と船が加わり、五〇〜六〇本もの銛を打ち込ん

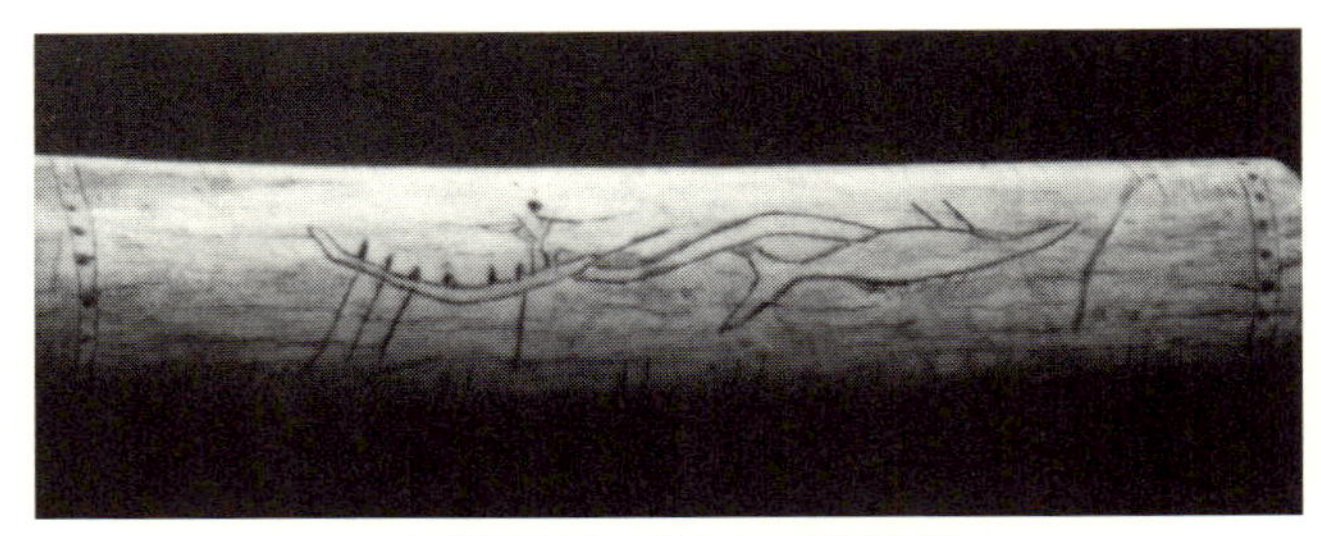

弁天島遺跡出土針入れの捕鯨線刻
（根室市歴史と自然の資料館蔵）

だという。最後に鯨は浜に突進して息絶えるが、逃走後に毒が回って息絶え、流鯨（ながれ）になって回収されることもあった。

他にも、『戊午（じゅつご）東西蝦夷山川取調日記』によると、毒を仕掛けた鏃（やじり）を付けた多数の矢を鯨に射込んで、鯨が浜に打ち上がるのを待つ方法や（『開港と函館の産業・経済』）、竹槍にトリカブト毒と烏や狐の胆汁を混ぜたものを詰め、鯨に投げつける方法をおこなっていたとされている（『アイヌ　歴史と民俗』）。

取れた鯨肉は、海水で茹でて塩で味付けして食べた。また鯨油は、灯油に使ったり食べ物を煮る出汁にした。骨や髭は漁の道具の材料に使った。また捕獲した鯨の魂はフンベ（フンペ）送りという行事をおこなって、丁重に海に送り返されている。

毒銛を用いた突取捕鯨はアリューシャン列島のアリュート族もおこなっているが、北海道の捕鯨文化は北太平洋・北極海沿岸の諸民族による捕鯨の一つに位置づけられる。大正時代にノルウェー式突取法をおこなう日本の捕鯨会社が北海道に本格進出した頃までに、アイヌの捕鯨は終焉を迎えている。

第三章　古式捕鯨業時代前期

古式捕鯨業時代の始まりは、今のところ『西海鯨鯢記』にある伊勢湾で突取法による捕鯨が始まった年代とされる元亀年間（一五七〇～七三）と思われる。それ以降、専業集団である鯨組のもと、捕鯨が漁場周辺における消費の域を越えた広範な地域への商品流通を前提とした産業としての捕鯨（捕鯨業）がおこなわれる。

この時代のうち前期は、突取法をおこなう突組がおもに操業した時代として設定されるが、この時期に古式捕鯨業時代の四大漁場が開拓されている。前期の終わりは、紀州で網掛突取法が発明された延宝五年（一六七七）である。

1　突取法による古式捕鯨業の始まり

突取法の伝播

平戸の谷村友三が享保五年（一七二〇）に記した『西海鯨鯢記』には、元亀年間（一五七〇〜七三）に三河内海の者が諸（師）崎（愛知県南知多町師崎）付近を漁場として、七〜八艘の船で突取をおこなったとある。師崎は伊勢湾と知多湾、三河湾を分ける知多半島の先端に位置し、江戸時代中期にそこでおこなわれた突取捕鯨の様子が『張州雑志』に紹介されているが、それによると当初は柄から銛先が分離する離頭銛を用いたとある。なお『西海鯨鯢記』によると、ここの鯨取り達は丹後や但馬にも出漁したが、利益が上がらずに止めたとされる。

伊勢湾域で始まった突取法は、その後東西に伝播する。関東では『慶長見聞集』によると、尾張の間瀬助兵衛が文禄年間（一五九二〜九六）に三浦（神奈川県）で突取法をおこなったのを、周辺の漁民が見習って捕鯨を始めたとされる。また安房漁場の勝山（千葉県鋸南町）では慶長の頃には突取法がおこなわれていたとされるが、明暦年間（一六五五〜五八）以降、醍醐氏によって専業化されたと考えられている（『房南捕鯨』）。同漁場では、この海域に回遊する槌鯨をおもな対象にしたが、突取に用いる銛は離頭銛を用いており、尾張の突取法からの技術伝播と捉えられる。なお槌鯨は深く潜り、網に掛けにくいため安房漁場では網掛突取法の導入はなく、突取法のみで明治時代まで操業されて

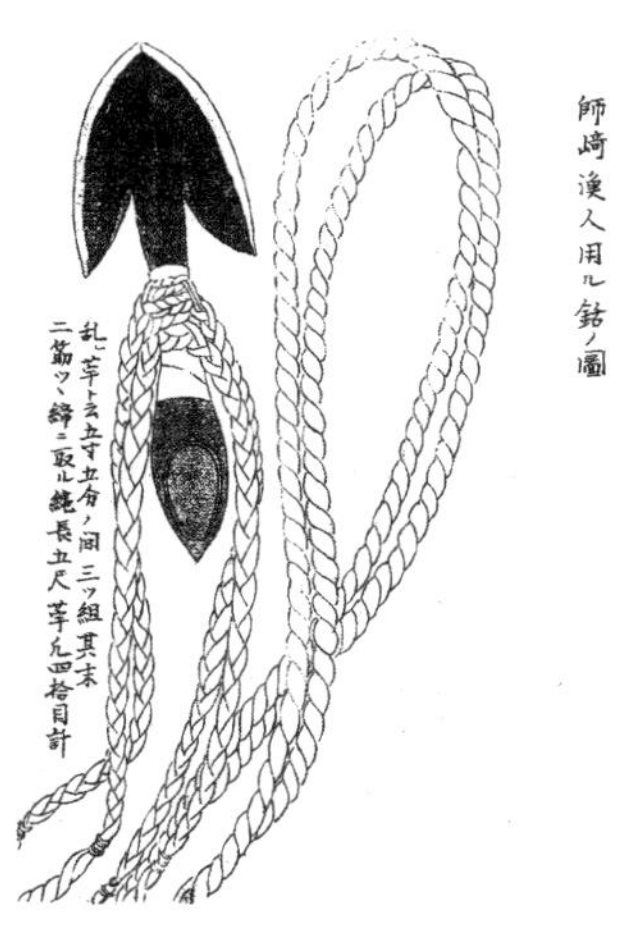

尾張師崎漁場で使われた離頭銛
（『張州雑志』、蓬左文庫蔵）

いる。
一方、西の紀伊半島方面では、『西海鯨鯢記』によると、文禄元年（一五九二）伊勢湾口西岸の尾佐津（三重県鳥羽市相差）に伝わり、慶長元年（一五九六）には紀州熊野に伝わったとされる。また太地浦には天正年間（一五七三〜九二）に師崎の伝次が突取法を伝えたとされ、慶長一一年（一六〇六）には地元の和田忠兵衛頼元が刺手組（突組）を興し、元和四年（一六一八）には頼元の孫の和田金右衛門頼興が、尾張小野浦の与宗次を羽指（鯨船を指揮し銛打ちや鼻切りをおこなう役職）とし、尾張や三河の漁民を雇い加子（漕手）とした突組を興している。さらに古座（和歌山県串本町）をはじめ紀州から志摩の沿岸各地でも突組が興り、従来の伊勢湾岸も含めた大漁場、紀伊半島周辺漁場が成立する。

土佐光則が寛永元年（一六二四）頃に描いたとされる『捕鯨図屏風』（大阪市歴史博物館蔵）には、紀州の突取法による捕鯨の様子が描かれていると考えられるが、同図で描かれている鯨は、歯があり、斜め前方に汐（呼気）を吹いている事から、紀州沖合に多く回遊してくる抹香鯨である事が分かる。また使用されている銛は左右対称の返りを持つ固定銛（銛先が柄に固定された銛）で、紀州で当初おこなわれた突取法が固定銛を用いている事は、『西海鯨鯢記』の銛の項で、離頭銛の次に「太郎剣」と称される左右対称の返りを持つ固定銛が紹介されている事とも一致する。

土佐漁場（高知県）では、『土佐物語』に天正一九年（一五九一）浦戸湾で突き取った九尋（一六メートル）程の克鯨を、長曽我部元親が大坂城に運んで豊臣秀吉に供したという記事があるが、寛永元年（一六二四）頃に多田五郎右衛門が津呂（室戸市）で突組を興したのが、土佐における専門的な捕鯨業の始まりとされる。その後中断を経て、慶安四年（一六五一）には尾張から招聘された尾池四郎右衛門が再び

紀州の突取捕鯨（「捕鯨図屛風」大阪歴史博物館蔵）

捕鯨を始めたが中断し、さらに万治三年（一六六〇）紀州・熊野地方から羽指を招聘し、津呂と浮津（室戸市）を拠点とした突組が再興されている。

西海漁場の突組の盛衰

西海漁場は日本海を回遊する鯨が集束する朝鮮半島と九州間の対馬海峡域を範囲とし、青海島（山口県長門市）付近を東限、対馬を北限、五島南端の福江島周辺を西限・南限とする海域に多くの漁場が点在している。『西海鯨鯢記』によると、元和二年（一六一六）に紀州の突組が初めて西海に進出してきたとあり、寛永元年（一六二四）には紀州藤代（和歌山県海南市藤白）の藤松半右衛門が一〇艘からなる突組で度島（長崎県平戸市）に、寛永二年（一六二五）には紀州の與四兵衛組が二〇艘で平戸沖の的山大島（平戸市）に進出したとあり、紀州系突組の進出によって西海漁場が開拓された事が分かる。

その後すぐ、地元からも捕鯨業に参入する動きが起きる。『西海鯨鯢記』によると寛永三年（一六二六）に平戸の町人・平野屋作兵衛が度島で捕鯨を始め、翌四年（一六二七）には平戸の宮の町組が平戸島北部の田助浦（平戸市）で、平戸の明石善太夫・吉村五兵衛の組が同じく薄香浦（同上）で、山川久悦の組が壱岐南岸の印通寺浦で操業している。平戸の町人が捕鯨業に進出した背景として、当時の平戸は中国人やオランダ人との貿易で繁栄しており、貿易で利益を得ていた平戸町人には巨額の資金が必要な捕鯨業に投資する事が可能だった事があげられる。投資は回収を前提としているが、畿内の鯨肉消費地から遠い西海漁場でそれが可能だったのは、保存が利き長時間経っても商品価値が落ちない鯨油を主要産品としていたからで、平戸オランダ商館の日記には、平戸の突組・平野屋の船が鯨油を江戸まで運んで販売していた記録がある。

このように古式捕鯨業時代における四大漁場、紀伊半島周辺、土佐、安房、西海は一七世紀中頃までには開拓されているが、このような捕鯨業の急激な発展の背景には、戦乱が収まった事で、大坂、京都、江戸や各地の城下町に多くの人が住むようになり、鯨油などの鯨製品の大きな需要が見込めるようになった事や、遠隔地の流通に不可欠な航路の航海も安全になり、大消費地から隔たった地域でも操業できるようになった事があげられる。また戦乱の終結や対外交渉の制限によって働き口を失った多くの海民が、捕鯨業に加わった可能性も考慮されねばならないだろう。

一七世紀半ば、西海漁場の突組による捕鯨業は全盛期を迎える。「御評定所対決仕御順道相済申帳」によると、正保～慶安年間（一六四四～五二）には五島中通島の有川湾（新上五島町）で一八組の突組の操業が確認される。その後は壱岐の漁場が繁栄し、「鯨場中日記」によると延宝元年（一六七三）頃には一〇を越える突組が操業している。また「山本霜木覚書」によると、西海では寛文二／三年漁期（一六六二／六三）が豊漁で、突組を多く出した平戸の町も繁栄したとされ、「平戸手鑑」によると当時平戸から七組の突組が出漁したとされる。なかには複数の突組を経営する者も登場し、平戸の吉村家は慶安年間（一六四八〜五二）頃に突組三組を経営し、壱岐や五島灘などの漁場に出漁させている。また大村藩領出身で正保四年（一六四七）に当時五島灘の中心的漁場だった平島（ひらしま）（長崎県西海市（さいかい））で操業を始めた深澤儀太夫勝清率いる深澤組も、寛文年間には壱岐で三組の突組を操業している。深澤家は捕鯨の莫大な利益を大村藩に献金や貸し出しした他、野岳（のだけ）（長崎県大村市）に巨大な溜池をつくって新田を開発している。

しかし増えた突組によって一つの漁場での操業が過密になり、乱獲によって不漁になる事もあったようだ。『西海鯨鯢記』には、昔は鯨が来ない海や浦は無かった程だが、近年は減っており、その原因は銛を突いた鯨のうち七割は逃しており、その中から銛の傷がもとで死ぬ鯨が多いと推測し、突組が一〇年間操業しても、利益を得るのが三年、元を取るのが三年、損をするのが三年と経営の厳しさを記している。のちに網掛突取法が広まった背景には、こうした突取法の技術的限界があったと思われ、西海漁場で網掛突取法が普及した一七世紀末には突組は衰退している。

2　突組の操業

突組の編成

古式捕鯨業時代前期に興った突取法をおこなう専業的な鯨組は「突組（つき）」「刺手組（さして）」「鉾組（ほこ）」などと呼

ばれた。編成は組によりばらつきがあるが、西海漁場では沖合で捕獲に当たる一〇～二〇艘の鯨船からなる船団と、陸上で解体・加工を行う施設（納屋場）からなり、また沿岸には鯨船の乗組員が詰めて鯨を見張る山見も設けられたと思われる。

例えば『新組鯨覚帳』にある寛文二年（一六六二）の平戸の突組・吉村組は、一七艘の鯨船に二二六人の乗組員、本船（輸送船）二艘の乗組員が九人、納屋の部門に四三人、鯨商品の売買にあたる商人納屋の者が一七人からなり、組の総人数は二九五人になる。

突取法では、しゃにむに鯨を追跡しながら、できるだけ多くの銛を打ち込んで行き足を止める必要があるため、快速を出せる鯨船が多数必要だった。西海漁場の突組における鯨船の数は組による開きがあり、『西海鯨鯢記』にみえる一七世紀初頭の突組には、二〇艘とか一〇艘という数が出てくるが、一七世紀中頃の突組について『鯨場中日記』に出てくる壱岐出漁の突組や、吉村組文書の平戸・吉村組の突組操業に関する史料を見ると、概ね一二～一八艘となっている。一方、房総漁場の醍醐組は三組全部で五七艘だが、そのうちの一組は二四艘で編成されている（『房南捕鯨』）。しかし後述する谷村組の記録を見ると二艘程度でも出漁はしており、船の数が少なくても漁は可能だったようだ。

外国の事例だが、インドネシア・レンバタ島ラマレラの突取捕鯨では、八～一三人程度が乗り、櫂とオール、帆で走る、長さ一〇メートルほどのプレダンという船を用い、ラマファーと呼ばれる銛打ち役が、長い竹の柄がついた銛を、舳先から抹香鯨めがけて飛び降りて体重をかけて突き立て、船を曳かせて弱らせて捕獲している。プレダンは村に二〇艘近くあるが、一番銛を打ったプレダンに獲物についての優先権があり、それが援助を求めて初めて他船は銛を打つことができる。このようにプレダンは船団を組んで出漁するが、統一的な指揮系統によって漁をするのではなく、それぞれ独立して漁をおこない、時として協力する形を取っている（『クジラと生きる』）。突取法をおこなう日本の突組も、似たような操業形態をとっていたのではないだろうか。

突取法は、基本的には各鯨船が単独で鯨に挑む形を基本としながらも、銛をより多く打つことが捕獲効率の向上につながったと思われる。そのため複数の組が共同で操業することもあったが、一組の船数が無制限に増えなかった理由は、はっきりとはわからないが、経営上の問題や納屋場の処理能力などの問題があったからだと推測される。

突組の装備

鯨船は、鯨を追跡し、捕獲し、陸に運ぶ作業をおこなう船である。全長一〇メートルほど、幅二メートルを少し越える程度の細長い船で、水押（船首材）は槍の穂先のように突き出し、横から見た船底ラインは長刀（なぎなた）の刃のような美しい曲線をしている。そのため波の上を滑るように進み、かつ旋回性能も良かったと思われる。西海漁場の突組が用いた鯨船には熊野造りと兵庫造りの二種類があり、前者の方がカワラ（航）と呼ばれる船底材が三〇センチほど短い。六～八丁の櫓で漕ぎ、九ノット以上の速力が出たが、櫓漕ぎは漁など比較的短距離の移動に用い、遠方まで移動する時は帆走を用いたと思われる。なお『西海鯨鯢記』には、五島南端の大宝（たいほう）から紀州和歌山までを一七日で往復した例が報告されているが、この場合には櫓漕ぎを多用したと思われる。また大名家でも快速の鯨船を購入して伝令船や曳船などに用いており、徳島城博物館には阿波藩主が用いた鯨船・千山丸が展示されている。

『西海鯨鯢記』には、大村領を本拠とする深澤組が、明暦年間（一六五五～五八）に「デンチウ銛」という新形式の銛を発明したとある。この銛の銛先は左右の返りが非対称で、片方は狭く長い、片方は広く短い返りで、前者は深く体内に刺さり込みやすく、後者は抜く力に頑強に抵抗する。また銛の茎は軟鉄で作られ、引く力が加わると根元の方が曲がって抜けにくくなったと思われる。『西海鯨鯢記』にはその後、同形だが大型化した「萬銛（よろず）」を平戸の吉村組が発明したとあるが、萬銛はその後の網掛突取法でも主要な銛として用いられている。

太地浦の記録には数百本の銛を負ったまま逃走する鯨の話が出てくるが、紀州の鯨組は、網組になっても使用する銛の種類・数量ともに多く、一艘の勢子船（せこ）に二〇本以上の銛が積まれ、突取法の備えをそのまま踏襲したと思われる。参考までに「熊野太地浦捕鯨乃話」に紹介された太地網組の銛の種類と役割を使う順に記す。

・早銛：銛先重量五〇匁、最初に鯨に打つ銛。縄の先に鉋屑縄を輪にした葛というものを付け、場所が分かるようにしている
・差添銛：同じく五〇匁で柄が少々大きい。最初に打つ銛。早銛同様葛を付けている
・下屋（げ）銛：同五〇匁、早銛と同じ
・三百目銛：同三〇〇匁、鈎が付いていて網がずり落ちないようにする
・柱銛：同五〇〇匁、帆柱に結び付け網が掛かって外れないようにする
・錨銛：同五〇〇匁、錨が結ばれ網を引っかけて外れないようにする

・手形銛：同五〇〇匁、鯨の動きが鈍ると盛んに打つ
・万銛：同八〇〇匁、手形銛と同じ

鯨が弱ると、剣という太い槍状の刃物で突いて致命傷を与える。これも紀州の網組の頃の例だが、紀州では剣にも大中小があった。

・〔大〕先端の重さ二貫（七・五キロ）、長さ三尺五寸（約一メートル）
・〔中〕重さ一貫八〇〇匁（約七キロ）、長さ同じ
・〔小〕重さ一貫三〇〇〜五〇〇匁（約五〜五・五キロ）、長さ三寸（約九〇センチ）

これらの剣は腋壷（わきつぼ）と呼ばれる急所を刺すのに用いた。最後に包丁で鯨の鼻に穴を空けて綱で括って捕獲し、解体場まで運んで解体した。

突組の操業

鯨は冬場に南下し、春になると北上する。南下する鯨を下り（くだり）鯨といい、北上する鯨を上り（のぼり）鯨といったが、これは当時の商船などで大坂方面に行くものを上り、反対を下りといったのと同じである。また西海漁場では冬期に下り鯨を捕獲するための漁場を冬浦、春期に上り鯨を捕獲するための漁場を春浦といい、鯨組が冬春で別の漁場で操業することも多く、また漁が見込めないときには漁期の途中で

漁場を変えることもあった。ここでは『鯨場中日記』という史料を参考に、延宝元／二年漁期（一六七三／七四）の平戸の突組・谷村組の操業を辿ってみたい。

古式捕鯨業時代の壱岐（長崎市壱岐市）は日本随一の捕鯨漁場とされ、谷村組が操業した当時も一〇以上の突組が出漁していた。谷村組は一〇月二一日に壱岐東岸の芦辺で納屋の準備に入っている。一一月一六日には平戸から鯨船二艘が渡海してくるが、翌日からさっそくこの二艘で沖立（出漁）している。一八日には呼子と名護屋（ともに佐賀県唐津市）から、一九日には筑前野北（福岡県糸島市）などからの鯨船が到着し、二九日には上加子の六艘が到着して全一二艘が揃い、羽指も勢揃いしている。上加子とは、地元九州以外の、瀬戸内海・紀州方面から雇った櫓の漕ぎ手のことである。一一月の晦日には一二艘が揃って沖立し、同日に漁の神様・恵比須宮も建立しているが、これは鯨組独自で祀る神様だと思われる。

一二月に入ると、鯨を求めて小呂島（福岡市）や沖ノ島（福岡県宗像市）方向の沖合にも船を出している。大寒入りの一五日には長さ七尋（約一三メートル）の鯨を取り、鯨油を樽（『西海鯨鯢記』によると二斗入）で一七〇丁（挺）と赤身二貫六〇〇目を生産し、一七日にも一頭を取り、鯨油四八〇丁、赤身四貫三百目を生産している。二二、二三日には瀬戸（壱岐市芦辺町）の船に鯨油を積んで肥後に送り、二六日にも鯨油や煎粕を上方に出荷している。なお二四日には対馬（対馬市）に春浦の納屋掛けをおこなうための先発隊が出発している。

延宝二年正月は二日から早々に漁が始まる。二二日には一二尋の鯨を取り、二三日には七尋の鯨を（深澤）覚左エ門組と共同で取り鯨油一四〇丁を生産している。

二月の九日には春浦の対馬への移動を開始したが、鯨船の数も一六艘に増えている。そして納屋を構えた鰐浦（対馬市上対馬町）を拠点に操業を始め、二一日には七尋ものを取り、鯨油一八三丁、赤身四二〇匁を生産している。二五日には九尋もの二頭を取り、合わせて鯨油三五五丁を生産している。二九日には下関に行っていた兵太夫が帰り、鯨油を一樽四八匁の値段で三〇丁売ったと報告している。

三月二日には、座頭鯨二頭を取り、鯨油三三四丁を生産する。同日鯨油一七〇丁を下関に、三七六丁を平戸に船積みして送っている。四日には背美鯨の子持ちを二組取っている。一二日には鯨油四二〇丁、三八〇丁をそれぞれ積んだ船二隻を平戸に送っている。一五日にも背美鯨の子持ちを突き取っている。二一日に鯨油四二〇丁を平戸に、翌二二日にも三八〇丁を広島に送っている。二六日には七尋の鯨を取っている。

四月一一日および一六日にはそれぞれ子持ちの克鯨を取り、二一日に組揚がり（操業終了）をしている。そして五月二一日には算用（決算）を終えているが、それによると谷村組は当期、鯨油を樽換算で四三四五丁分生産し、その代銀は一八九貫八二匁余だった。それに鯨肉その他の利益を合わせて二二八貫七三七匁余の収入を上げている。一方支出では、諸経費が一五二貫九四五匁余かかっているが、残った七五貫七九一匁余を一六等分し、鯨船一艘あたり四貫七三六匁余を配分している。

突取法では捕獲海域が限定されないため、前述した壱岐のような好漁場では一度に多数の突組が操業することもあった。そのため複数の突組が協同で鯨を取ることも多かったが、銛を打った順番で分配がおこなわれている。なお運上（税金）は、平戸藩では一七世紀初頭には鯨一頭あたり銀三〇〇匁程度だったのが、その後四三〇匁となり、さらに寛文期の大漁や加工技術の向上を反映してか銀六四五匁に増加している。また他に鯨突小屋地銭などの税もあったという。

解体加工

西海漁場で操業する平戸の吉村組が有した納屋場の施設は、『鯨舩萬覚帳』によると東油納屋（一三間×四間）、西油納屋（一〇間半×四間）、旦那小屋（六間×三間半）、大工納屋（五間×三間）、鍛冶屋小屋（二間×三間）からなる。これらの施設はシーズン前に漁場に建てられ、釜など各種の機材を大船で運び込み、シーズンが終わると機材を運び出し、建物は解体して現地に保存した。突組の納屋場はのちの網組の納屋場のような恒久的な施設でなく、仮設といっていいような軽便な施設だったようだ。

施設の主体は東西の油納屋であり、当時の西海の突組が鯨油生産を主体にしていたことを物語っている。壱岐・箱崎八幡宮の社家の吉野秀政が記した『海鰌図解大成』（かいしゅう）には、「明暦の頃迄は只油をせんじとりたるのみにして皮身骨皮肉を食する事をしらず。各々札を付て洋中にこぎ出し捨たり。是海浜に置ば臭きとて土俗嫌へるゆへなり」とある。貝原益軒の『大和本草』にも、当初の突組では油だけを取り肉は捨てていたが、その後肉は食べるようになったが腸と骨は捨て、さらにその後頭骨（軟骨か）を食べるようになったとある。これらの記述によると、西海漁場の突組操業当初は、皮身を利用した鯨油生産だけで、鯨肉を食べる事も知られていなかったので、肉や骨の大部分を海に捨てていた事になる。『西海鯨鯢記』によると、骨を砕いて煮出して油を取る方法、煎粕を蒸し押しして油を取る方法などは、明暦年間（一六五五〜五八）に発見されたとある。突組の簡易な納屋場のあり方を考えると、皮身主体の鯨油生産程度の加工能力しかないことも肯定できるが、『鯨場中日記』によると、寛文期の壱岐で操業する突組では小納屋という施設（組織）が確認でき、この施設が骨や煎粕から採油する工程をおこなった可能性がある。西海の納屋場は鯨の利用方法の拡大とともに加工施設を充実させ、網組の段階に一応の完成をみたと考えられる。

3　断切網法

古式捕鯨業時代には、突取法や網掛突取法のような、専門的な鯨組によっておこなわれた漁法以外に、地域によって独自の捕鯨法がおこなわれている。

丹後伊根(いね)浦（京都府伊根町）でおこなわれた断（建）切網法もその一つである。断切網(たちきり)は中世から、海豚、鮪、鯨を取るために各地でおこなわれているが、湾に入り込んできた鯨を、湾口を網で仕切って逃げないようにしておいて、さらに湾奥に追い込んで網で仕切ってから取る、網取捕鯨に属する漁法である。

伊根浦三ケ村（亀島、平田、日出）のうち亀島集落では、明暦二年（一六五六）頃から大正頃まで捕鯨をおこなっている。ここでは集落に面した湾内に鰯などを追って鯨が入り込んでくると、集落総出で船を湾口に出し、水面を叩いたり鐘、太鼓を鳴らして鯨の逃げ道を断ち、麻製の網を二重三重に張って仕切った。長須(ながす)鯨は広い水域を残した状態で銛を打ったが、座頭鯨や背美鯨はさらに入江の奥

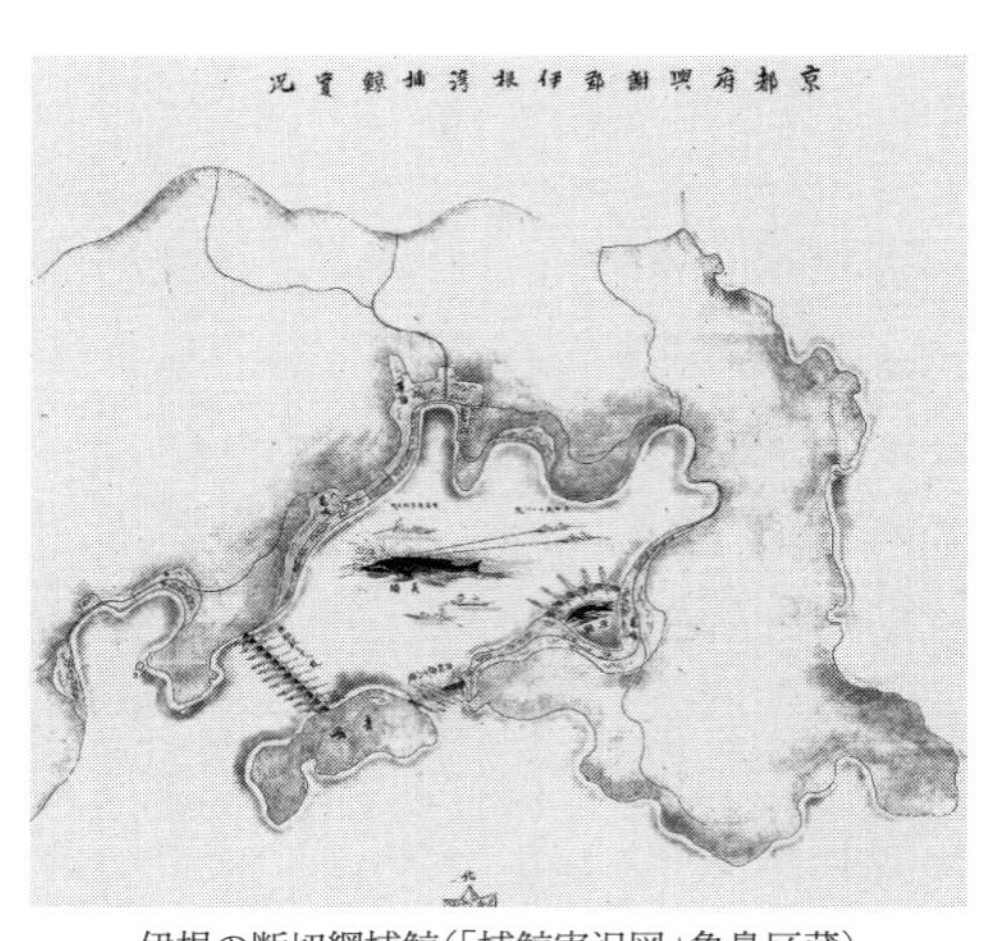

伊根の断切網捕鯨（「捕鯨実況図」亀島区蔵）

に追いつめコマワシ網で仕切ってから突き取った。伊根浦の『鯨永代帳』によると、この方法では年間で一一頭を最高に、平均二頭未満の捕獲がおこなわれている（『伊根浦の歴史と民俗』）。

長州瀬戸崎浦（山口県長門市）でも、『注進案』によると、寛文一二年（一六七二）より開始された突取法とともに、紫津浦という入江を利用した断切網法がおこなわれ、天和元年（一六八一）以降は、網掛突取法と並行しておこなわれている。

なお同じように網を用いる事から、断切網法と網掛突取法は混同されたり、前者が後者の原初形態とされる事がよくあるが、前者では網は鯨を閉じ込める主漁具であるのに対し、後者は鯨の行き足を止めるために被せる副漁具として使っている点や、前者の漁場が出入りの多い海岸なのに対して、後者はなるべく出入りが少ない海岸を漁場とする点で異なるので、二つの漁法は分けて捉える必要がある。

第四章　古式捕鯨業時代中期

古式捕鯨業時代中期は、紀伊半島周辺、土佐、西海(さいかい)漁場で網掛突取法が主要な漁法としておこなわれた時期で、古式捕鯨業時代の最盛期に位置づけられる。始まりは網掛突取法が発明された延宝五年（一六七七）で、終わりは欧米捕鯨業の操業の影響と思われる不漁が顕在化する弘化年間（一八四四～四八）である。

1 網掛突取法の導入と展開

延宝五年（一六七七）紀州太地浦(たいじ)（和歌山県太地町）で、太地（和田）角右衛門頼治(よりはる)が、鯨を予め苧(お)製の網に掛けてから突取をおこなう網掛突取法を発明する。これについて「太地浦鯨方」には「延宝五丁巳年　和田角右衛門頼治鯨網工風始候」と書かれ、『西海鯨鯢記(げいげい)』（一七二〇年制作）にも「延宝ノ初紀州太池（地）ニテ始テ仕出シ」とある。同漁法の特徴は、従来の突取法では動きの速い鯨に銛を打つため仕損じが多かったのを、まず鯨を網に絡ませる事で鯨の動きを鈍らせて銛を打ちやすくし、捕獲効率を向上させたが、これによって特に遊泳速度が速くて取りづらかった座頭鯨の捕獲が容易となっている。

網掛突取法に対応した装備をもつ鯨組を網組というが、鯨種や条件によっては突取だけで鯨を取る事もあり、その意味で網組は、網掛突取・突取の両漁法に対処できる組だといえる（長州の通・瀬戸崎組は加えて断切網法もおこなっている）。網組の規模は突組の倍以上になったが、網を張り回すのに適した場所（網代）は限られているため、突組の頃のように複数の組が同じ漁場で操業することは無くなり、乱獲を防いで経営安定に繋がった側面もあった。

紀伊半島周辺漁場の中心・太地浦では、網組の操業が明治時代まで継続し、他に古座、樫野、三輪崎（以上和歌山県）や、海野、九木（以上三重県）などでも網組が興る。一方、古式捕鯨業の発祥地である尾張師崎は、突取法の形のまま一八世紀の終り頃まで操業が継続している。また安房漁場の勝山の醍醐組も深く潜水する槌鯨が対象だったため、突取法の操業のまま明治を迎えている。

土佐漁場では、天和三年（一六八三）津呂の多田吉左衛門ら三人が紀州に赴き、太地角右衛門に伝授を頼み、角右衛門はそれに応え数十名の漁夫を土佐に派遣し、網掛突取法を伝えたという（『土佐捕鯨史』）。それ以後、津呂と浮津に網組が興り、在地の室戸岬周辺の漁場で操業するほか、足摺岬側の窪津にも出漁している。

西海漁場では、大村領の鯨組主・深澤儀太夫勝幸が、太地での網掛突取法開始一年後の延宝六年

（一六七八）に五島中通島の有川湾（長崎県新上五島町）で同法による操業をおこなっている。この操業は、太地での同法の操業成功を伝え聞いた儀太夫が、有川湾でおこなわれていた海豚断切網漁の網を転用して試行的に始めたものと考えられ、その後、太地の操業についての情報を加えた上で、貞享元年（一六八四）頃から本格的な網掛突取法の操業を始めている。

一七世紀後期の西海漁場では、深澤儀太夫勝幸とその子供の深澤儀平次、勝幸の娘婿・深澤（松島）与五郎が率いる深澤組の網組が各地で出漁・操業している（第一世代網組）。そして深澤組と共同で操業した組主や、深澤組と対抗した組主の中からも、網掛突取法を導入する者が次々と現れる（第二世代網組）。『西海鯨鯢記』によると、一八世紀初頭の西海漁場では網組七組が樽数で四～五万丁の鯨油を生産したとされ、突組の頃に七三組（同書作者推定）で六～七万丁を生産したのと比べてその高い生産性を賞賛している。しかし網組が生む大きな利潤が原因で、深澤組が最初に網掛突取法の操業をおこなった有川湾では、湾を挟んだ富江藩領の魚目村と五島藩領の有川村の間で海境争論が起きている。

一八世紀初頭になると、呼子（佐賀県唐津市）の中尾家、壱岐勝本の土肥家、生月島（長崎県平戸市）の畳屋（のちの益冨）家が相次いで網組を興し、深澤組など第一、第二世代の網組に代わって各地の漁場に進出していく（第三世代網組）。ともに平戸藩内の鯨組である土肥組と益冨組は、同藩領内にあり日本一の漁場だった壱岐での操業を巡って激しく争うが、元文四年（一七三九）平戸藩の仲裁で、最も重要な前目と勝本の漁場を隔年交代で使用する事を取り決める。その後両漁場は、西海漁場で標準的な網組の編成である三結組の倍の六結組（大組）が操業する漁場として発展する。

一方、中尾組は元文四年に西海のもう一つの有力漁場である有川湾に出漁して成功をおさめる。以

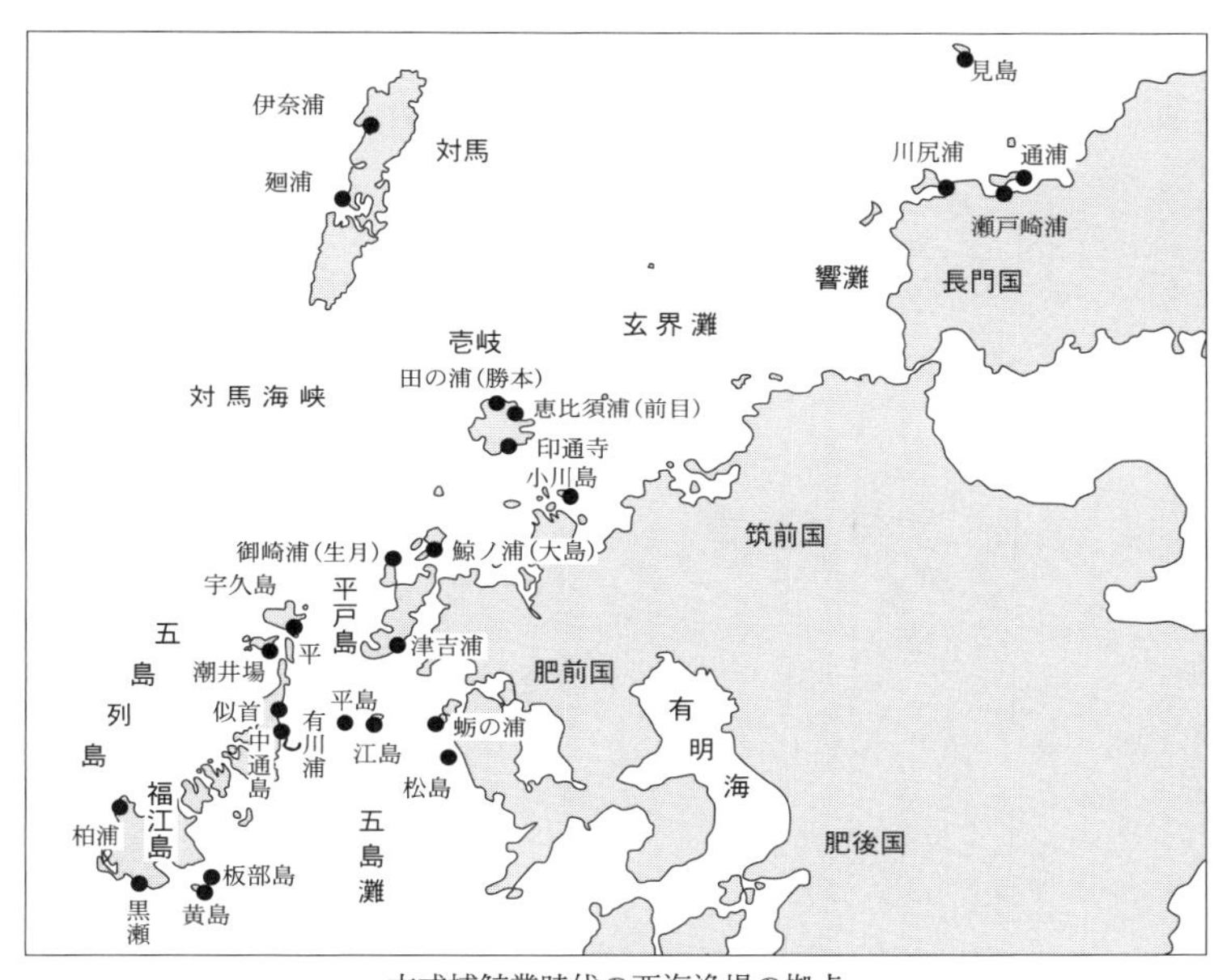

古式捕鯨業時代の西海漁場の拠点

後中尾組は、生島、藤松など紀州出自の有能な支配人達に支えられ、また五島の漁業資本家との結びつきも強めながら、五島一円で捕鯨事業を展開する。しかし中尾組の盛期は安永年間（一七七二〜八一）頃の五島方面からの撤退によって終わり、一八世紀末の西海漁場は壱岐の二大漁場を押さえる土肥組と益冨組の二大勢力が抜きんでる形勢となる。寛政一〇年（一七九八）に西海の捕鯨業を視察した土佐の大津義三郎は、当時九州には一七カ所の稼働漁場があり、三結組規模の網組が一三組操業していたが、うち土肥組、益冨組が経営する網組が各々四組あったと報告している（「土佐室戸浮津組捕鯨史料」）。

しかし一九世紀に入ると益冨組の独占体制が進む。文政二年（一八一九）頃には益冨組は壱岐の前目・勝本の漁場を掌握するが（「西海捕鯨業における巨大鯨組の経営と組織」）、天保三年（一八三二）に益冨家が制作した捕鯨図説『勇魚取絵詞』には、当時の益冨組は五つの網組を操業させたとあり、名実ともに日本最大規模の鯨組になったことがわかる。その頃（一八世紀前期）には各地の鯨組の漁獲も程々あったようで、古式捕鯨業時代における最後の盛期となっている。

2　網組の組織

組織

鯨を取る専門集団である鯨組は、組主の名や、組が操業する場所の地名、組の根拠地や編成地の地名で呼ばれた。例えば呼子に居宅を持ち、沖の小川島に本拠の納屋場を持つ中尾甚六が経営する鯨組の場合、普通は組主の名を取って「中尾組」と呼ばれたが、中尾組配下の鯨組が五島南端の黄島で操業した場合、操業地の地名から「黄島組」と呼ばれることもあった。一方、よその鯨組を受け入れる場合、受け入れ側ではその鯨組の本拠地で呼ぶ場合もあり、例えば黄島の人は中尾組の事を「呼子組」もしくは「小川組」と呼ぶ訳である。

網組の組織は、西海漁場の鯨組の場合、「沖場」と呼ばれる海上で鯨を捕獲する部門と、「納屋場」と呼ばれる陸上で解体・加工などをおこなう部門に大きく分かれる。また「前作事」という、漁期前の準備や、漁期中に船や道具の修理にあたる部門もある。また鯨を発見する山見には、羽指や艫押（後述）が詰める事になっていたが、専門の山見番もいたと思われる。

網組の規模については、『勇魚取絵詞』にある天保年間頃の益冨・御崎組（三結組）を例に取ると、沖場は四〇艘の船に羽指三〇人と見習い三人、加子四四〇人を要し、納屋場や前作事場などの陸上要員として若衆五〇人、帳役三人、魚切一八人、筋こそぎ一二人、飯炊二人、茶廻二人、支配人八人、骨油掛一人、番人七人、大工三人、鍛冶一人、桶屋一人、網大工一人の一〇九人を要していた。またこの組全体を仕切る幹部として大別当二人、別当三人がいた。全てで人数は五八七人に達するが、これは前章で紹介した突組・吉村組のおよそ二倍の規模である。

捕獲にあたる船は、突組では鯨船と呼ばれる船一種だけだったが、網組では、鯨船が機能分化した勢子船、持双船に加え、網を張る双海船とそれを曳航する附船などが加わっている。勢子船は鯨船と同じ形態の船だが、鯨を網に追い立て、網に掛かった後の鯨に銛を打つ事を役割とする船で、速度が必要なので八丁の櫓を一二人で漕いだ。西海の網組の勢子船には兵庫造りの鯨船が使用されたが、兵庫（神戸市）の船大工から成形された船材を購入し、漁場で組み立てる方式が採られた。勢子船は、水押の先端にチャセンという上向きに尖った飾りをつけ、船の内側を返り血が目立たぬようにするためか赤く塗っていた。

紀州の網組の勢子船には熊野造りの鯨船が使われたが、紀州の鯨船は、船腹に花などをあしらった華麗な装飾を施していて、それを見るだけで羽指の階級が分かった。一方西海の網組の勢子船は、水押やカジキ板、艫の部分に黒を施し、五尺と呼ばれる上棚の上のはめ板に黒地に赤の菱目を施す程度の地味な装飾が一般的だった。これは両方の組の経営形態が関係していると思われる。紀州の鯨組は集落単位で経営されており、鯨組における個々人のヒエラルヒーを明示する必要があったのに対し、西海の多くの鯨組は利益を追求する事を目的とした企業体なので、過剰な装飾は不要な経費と見なされたのである。

柴田惠司、高山久明両氏の「鯨船」に掲載された表を見ると、紀州や土佐の鯨組では、各船の数は時代や地域によってまちまちだが、西海漁場では、網組の船団編成は一八世紀後半頃までには規格化されていて、勢子船一一〜二〇艘、持双船四艘、双海船六艘、双海附船六艘を標準としている。この標準規模・編成の網組は「三結組」と呼ばれたが、一結とは二艘の双海船が展開する一組の網を指す。なお壱岐の前目・勝本や有川湾などの好漁場では倍の規模の六結組が操業したが、これは三結組が二つ合体して操業したものである。船では他に、解体の際などに用いる伝馬船や、捕鯨資材や鯨製品を運搬するための大型帆走和船（荷船）を持っていた。

沖合の職務と出身

各船の指揮官を「羽指（はざし）」（羽差、波座士、刃刺とも書く）という。西海漁場では、鯨に対して銛や剣を投げ、最後に鯨の鼻などに穴を抉って綱を通す役目をしたが、紀州太地浦では、鼻切りは指名された刺水夫（さしかこ）（羽指見習い）がおこなった。太地浦では羽指は地元の決まった家筋の者が勤めたが、土佐の浮津組では、鯨組に入ると「炊き（かしき）」（飯（めし）炊き）から始まり、順次出世して羽指になった。西海漁場では古式前期の突組には紀州出身の羽指が多く居て、一七世紀半ばの平戸の突組・吉村組に雇われた一四人の羽指の出身地は、紀州六、五島四、讃岐高見・備後鞆（とも）・平戸薄香（うすか）・呼子各一人だった。しかし古式中期の網組になると、西海域内で呼子周辺の名護屋・小友・湊、壱岐小崎、生月島壱部浦、五島宇久島平、同じく小値賀島笛吹などの、海士（潜水漁に従事する漁民）集落の出身者が多く羽指となった。厳冬期の海を泳いで鯨にとりつき鼻を切る作業には、水中作業に慣れた海士がうってつけだった。

羽指にも階級があり、たとえば西海では、勢子船一番、二番、三番船の羽指は「親父」と言って沖場の指揮をとった。また双海船一番船の羽指は網戸親父といい、網入れの指揮をとった。これらの親父を役羽指とも称した。それ以外の羽指も指揮する船の順番に応じた序列があり、それによって賃金も階差が設けられ、実績により出世した。

船内で羽指に次ぐ者は艫（友）押と呼ばれる船尾の艫櫓（船の方向を定める役割の櫓）を漕ぐ役で、加子（水主）と呼ばれる櫓を漕ぐ一般水夫を統率した。勢子船の場合、八丁の櫓を揃えて漕ぐのは大変な熟練とチームワークを要するので、一艘の船の加子は、友押以下同じ集落の出身者で固めるのが普通だった。西海における鯨組の加子の出身は、例えば前述した一七世紀半ばの突組・吉村組の場合、紀州、瀬戸内海方面出身の上加子と、西海出身の下加子に分かれていた。しかし古式中期の網組になると西海地域出身の加子が主流となり、福岡県糸島半島沿岸部や長崎県の五島、西彼杵半島北部などが多くの加子を輩出した。例えば西彼杵半島北部は速い潮流で有名な針尾瀬戸に近く、そこでの櫓漕ぎの技術が評価されていたと思われる。

一方、双海船に乗り組み網作業に従事する網加子は、紀州や土佐では地元漁民で編成したが、西海漁場の網組は備後田島（広島県福山市）、周防室積（山口県光市）など、瀬戸内海沿岸の苧製の大網の扱いに長けた漁民を雇い入れた。

鯨組の掟

鯨組の経営管理については、生島仁左衛門が寛政八年（一七九六）に制作した捕鯨図説『鯨魚覧笑録』の末尾に記した、三〇カ条からなる「鯨組定法書」が参考になる（注：条数は、筆者が整理上便宜的に付けたものである）。

たとえば八条には「注進船（鯨が取れたことを納屋場に連絡する船で、一番銛など手柄のあった船がなる）には二升の注進酒を褒美として与え、その船の羽指には納屋の頭人が酒杯を取らせる。しかし他の羽指達には、納屋場が解体で混雑しているので、その時は酒を支給してはならない」とあり、同じく一八条には「解体に際し、出漁がない場合にも加子達は浜での解体の邪魔にならないようにする事」ともあり、なにより作業が優先されている事が分かる。

一五条では、「羽指は沖上がりの酒を飲み過ぎないように。また、羽指や加子が宿を出て村中をみだりに歩き回らないように」と羽指の生活態度に言及し、一六条では「（略）羽指宿でも夜、無駄な雑談などせずに、沖場の作業のため潮の満干・月の出入り・昴の入りなどに心がけ、（明日の）天気の善し悪しを考えることを第一とすること。その他必要な事は役羽指達から若羽指達に教え、若羽指も気がついた事は申し出て、少しも油断がないようにするのが大事である」と、経験の伝達や意見交換に努める事を説いている。

あまりにも目に余る行状に対しては、解雇という処罰で臨んだ。二五条では「喧嘩・口論・博打についてては今更言うまでもない。万一、納屋内はもちろん村内に立ち入って事件を起こし見つかった場合は、誰であっても期間半ばでもクビにする」と定めている。しかしその一方で、二三条には「（略）加子を粗略に扱わないように。（彼らは）第一に沖場の風波雨雪にうたれて一生懸命にやっている者達であるから、十分に労り共に励むように気を付ける事」と、下っ端の加子を思いやる条項もある。また三条には「沖場の同じ船に乗り合わせた者は仲良くすること。喧嘩・口論・賭博は禁止なので注意するのが当然だが、羽指達も普段から気を付け厳しく言っておくように」と、羽指の指導のもと、乗組員の連帯と規律を大切にするように言っている。

昇進については、二〇条に「羽指の繰り上げ（昇進）の際には、年寄・若者に限らず、熱心で役に立つ者を出世させるように。これは（陸上の）目代・納屋人なども同じである。贔屓で昇進をおこなうと、組が立ち行かなくなるので、支配人は勿論、上に立つ者は心得違いが無いよう心を配る事」とある。年功ではなく実力重視のところなど、より多くの捕獲を追求するための合理精神は、現代の成果主義の考え方に相通じるところがある。

最後の三〇条では、「鯨組の者は、何れの組も栄耀に馴染む了見違いが多いようだ。しかしこのような条項を守ればこういうことはない。お互いによく遵守する上で、謹みを第一に永続させる事が第一である」と括っている。鯨組は、しばしば他藩の領地に赴いて漁をおこなうため、勝手な振る舞いによって地元との諍いが生じ、漁を差し止められる事態も起こり得たのであり、これらの掟からも組主の細心の気配りが感じられる。

3　網組の操業準備

資金と税金

網組の経営には一漁期でも数千両の資金が必要とされたが、最初に組を興す場合には、船や道具、納屋場などの機材や施設を揃えなければならず、多額の資金を要した。そのため他の組が廃業する時に施設や装備を購入する事も多くおこなわれたが、多くの組主は在地や上方の商人、藩などからの借り入れで資金を調達し、捕鯨の利益で返済した。しかし不漁になれば返済が滞り、経営の悪化を招く事になった。

鯨組の経営が巧みだったのは生月島を根拠地とした益冨組で、大坂までの航路筋の各港に鯨製品販売と捕鯨資材購入を一手におこなう問屋を持ち、現金を動かさず手形の決済で処理していた。また福岡藩などの農薬用鯨油の大口納入先からは、製品の納入を約束する代わりに資金を融資して貰った。また小納屋という鯨体の雑多な部分を扱う加工部門を、現地商人の出資による独立経営にして、組本体の負担を軽くすることもしていた。また膨大な量の帳簿・書類を作成する事で収支を把握し、来期の漁況予想に応じて、組の規模や出漁、支出の計画を立てたものと思われる。

藩に対しては運上（税金）を納めなければならなかったが、それには漁場で捕鯨をおこなう許可を得るために納める浦請銀や、取れた鯨一頭に対して納める鯨運上銀、生産された鯨油にかかる油運上銀などがあった。たとえば『前目勝本永続鑑』の「御運上銀・油御定書之事」をみると、勢（背）美鯨一本につき油一〇〇丁と銀二貫二五〇目、座頭・長須鯨は油五〇丁と銀一貫一二五目とあり、またそれぞれの子持ちの場合も成長の度合いなどで細かく規定されている。さらに藩の大口の支出に必要な資金を寄付する事や、藩や藩士の借金に応じる事もあり、益冨家では平戸藩に数万両の大口寄付をおこなった事で、二度にわたって時の当主が馬廻格の藩士に取り立てられ別家（山縣家）を興している。また鯨組関係者が食べる米穀を藩が販売する事で、大きな収入を得た。

生月島を拠点に壱岐をはじめとする西海各地で複数の網組を経営した益冨組は、明治前期に残した文書によると、享保一〇年（一七二五）より明治六年（一八七三）にかけての一四二漁期に二万一七九〇頭の鯨を取り、三三二万両余りの収入を上げている。鯨一頭当たりの単純な平均収入は一五〇両程度となるが、時代による物価の変動や鯨種・季節による価格の開きなどを念頭に入れておく必要がある。それに対する支出は、人件費が約六四万両、米代（食料費等）が約四七万両、網の材料（苧）代が約一二万両、菰・薪代が約九万両である。また平戸藩に納めた諸税は約七七万両に達し、その他にも約一四万両の貸付や約一万五千両の献金をおこない、平戸藩の財政を大いに助け、さらに新田開発や築堤などの公共事業にも取り組んでいる。こうした直接的な効果以外に、雇用や消費を介しての間接的な経済効果も考えると、捕鯨が地域振興に果たした役割は大変大きかったことは確かである。

前作事と組出し

鯨組の船や銛などの諸道具を、漁期以外には格納保管し、漁期前や漁期中に新造・修理する作業施設を、紀州太地では「大納屋」と呼ぶが、西海漁場では「前作事場」と呼んでいる。西海漁場の前作事場は納屋場（解体施設）に併設する場合が多いが、土地の制約で別の場所に置く事もある。前作事場の中央には船を引き上げて保管する広場があり、その周りに鍛冶屋、桶屋、船大工の作業場や、道具の材料や完成品を収める蔵が並んでいた。

鯨組が鯨を取る期間（漁期）は冬から春にかけてだが、実質的な前作事（捕鯨や解体・加工に用いる道具等の準備）は夏から始まる。西海漁場では八月中旬、網加子として雇われた瀬戸内海の漁民の先発隊が到着し、鯨網に用いる苧網の製作にいそしむ。なお小綯い（綱や網の素材となる小縄を作る作業）には地元の婦人が雇われた。

捕鯨に用いる船も、船大工によって修理・新造された。『勇魚取絵詞』によると益冨・御崎組では、毎年勢子船を三艘、持双船を一艘、双海船を一艘ずつ新造した。鍛冶屋も捕獲や解体・加工に使う様々な道具を製作していて、捕獲道具では羽矢（早）銛一五〇本、萬銛一五〇本、剣四五本を作り、解体・加工に使う各種の包丁も多数にのぼった。桶屋も鯨油を詰める樽を多数製作した。

こうした諸準備が進む一方で、組出し（鯨組の操業開始）が近づいてくると、各地から雇い入れた加子や羽指らが順次到着した。

西海漁場では小寒の一〇日前頃に組出しとなるが、益冨組では丑の日を吉日として組出しをした。中尾組では、組出し前に今期の大漁を期して神社に絵馬を奉納し、組出し当日には組主の家で宴を開いて門出を祝った。宴席には組の主だった者が参列し、鰤大根、鰤の刺身、鯨の尾羽毛（おばけ）などを肴に酒を飲んだ。そして太鼓に合わせて鯨唄が唄われ、羽指達が丸く並んで羽指踊りを踊った。羽指踊りが披露されるのは組出し、正月、組揚がりの時である。

紀州や土佐では、従業員の多くは毎日、家から鯨組に通ったようだが、西海漁場では漁期中は従事者が納屋場で寝起きを共にしながら作業に従事した。そのため組出しの宴が終わると、一同で船出して納屋場に移動したが、中尾組の場合、呼子にある組主の屋敷の前の海で、集まった双海船の周りを勢子船などが三回右回りしてから小川島の納屋場に向かった。この出漁時の三回まわりの作法は、現在でも遠洋旋網（まきあみ）船団の出船などでおこなわれているが、葬式でも家からの出棺時に棺を三回まわす作法が見られる。三回まわるという作法は、ある状態から別の状態に移る時（境界で）おこなわれる転換儀礼の一種で、西海の組出しも、家族がいる日常生活から、鯨を取る事を目的とした鯨組での合宿生活という一種非日常的な状態に移行するために、こうした儀礼が必要だったと考えられる。

西海では、下り鯨（南下する鯨）を対象とする冬浦の操業が二月頃まで、上り鯨（北上する鯨）を対象とする春浦が三月末

網作り（『勇魚取絵詞』佐賀県立名護屋城博物館所蔵）

頃までおこなわれた後、組揚がりとなった。

漁場の選定

『勇魚取絵詞』に、「そもそも捕鯨は地の利を知ることを至要とし、それが良ければ労少なく支出も少なくて済む。地の利とは鯨の往来が多く、網を張るのに適した漁場をいう」とある。九州の網組の漁場では、出入りが少ない単調な海岸線沿いで、海底に大岩がなく、岸近くでも鯨網の深さと同じ一八尋（三二メートル）程の水深がある海域に網代が設けられている。その理由は海岸伝いに鯨を追い立てて、網代に誘導したからだと考えられる。

西海の各漁場における網組の操業状態を見ていると、冬浦、春浦ともに連続操業できる両浦漁場と、冬浦のみ春浦のみの操業が可能な片浦漁場があることが分かる。

両浦漁場の場合、納屋場の施設も一つだけで良く、また漁期途中に移動する時間や費用のロスも生じないため、経営的にも堅実な漁場だと言える。西海の代表的な両浦漁場として小川島（佐賀県唐津市）と生月島（長崎県平戸市）があるが、それぞれ中尾組、益冨組の本拠地となっていて、三結組かそれ以上の規模の網組が操業している。壱岐の前目と勝本（長崎県壱岐市）、五島の有川湾（同新上五島町）も両浦漁場だが、この三カ所は特に標準編成の二倍の六結組（大組）が操業できる優良漁場だった。そのため勝本は土肥組の本拠地にもなったが、こうした漁場の場合、多くの漁獲が期待できた反面、不漁になると規模が災いして赤字が大きくなるリスクがあった。そのため一九世紀前期の益冨組は、冬浦には前目と勝本におのおの六結組を操業させたが、春浦になると両漁場の組を折半して三結組だ

年	捕獲日	対象	頭数	網代
文政一一年	一二月一七日	座頭鯨	三頭	淀(加唐島)
	一二月一九日	背美鯨	一頭	淀
	一二月二〇日	座頭鯨	一頭	淀
	〃	座頭鯨	二頭	万崎(小川島)
	一二月二一日	座頭鯨	一頭	淀
	一二月二三日	背美鯨	一頭	淀
文政一二年	一月　八日	背美鯨	五頭	淀
	一月　九日	座頭鯨	一頭	淀
	一月一〇日	背美鯨	三頭	水ノ浦(小川島)
	一月一三日	長須鯨	二頭	淀
	一月一四日	背美鯨	二頭	淀
	一月二〇日	背美鯨	二頭	淀
	一月二一日	座頭鯨	三頭	水ノ浦
	一月二七日	背美鯨	一頭	万崎沖
	一月二八日	背美鯨	一頭	万崎沖
	〃	背美鯨	一頭	水ノ浦
	二月　一日	背美鯨	二頭	狩尾沖(加唐島)
	二月　三日	長須鯨	一頭	淀
	二月　七日	背美鯨	二頭	狩尾
	二月一二日	座頭鯨	二頭	淀、水ノ浦
	二月一三日	背美鯨	一頭	淀
	二月一四日	長須鯨	一頭	水ノ浦
	二月二二日	座頭鯨	三頭	淀、水ノ浦
	二月二四日	座頭鯨	二頭	淀
	二月二八日	座頭鯨	二頭	淀
	二月二九日	長須鯨	一頭	淀
	二月三〇日	座頭鯨	一頭	淀
	三月　四日	座頭鯨	一頭	淀
	三月　五日	座頭鯨	二頭	水ノ浦
	三月　六日	座頭鯨	一頭	水ノ浦
	三月一七日	背美鯨	一頭	淀
	三月二七日	座頭鯨	一頭	淀
計			五四頭	

文政11/12年漁期（1828-29）の中尾小川組の捕獲状況（『御用渚願控帳』）

け残し、五島灘の二カ所の漁場に三結組を派遣している。

片浦漁場は、上り下りいずれかの鯨が偏って回遊する海域に位置する。西海漁場では、春浦のみの漁場が五島灘東岸から平戸瀬戸にかけての海域に分布しているが、これは上り鯨の回遊ルートに対応したものである。冬浦と春浦を移動する操業は一七世紀中頃の突組で既におこなわれており、一八世紀後半頃の網組では、〔冬浦〕小値賀島（小値賀町）―〔春浦〕平戸津吉浦、〔冬浦〕福江島柏浦（福江市）―〔春浦〕黄島もしくは大板部（おおいたべ）島、〔冬浦〕壱岐の諸漁場―〔春浦〕対馬（つしま）の諸漁場、などの移動パターンが存在した。片浦漁場での操業では納屋場施設も二つ必要となり、鯨組の移動に伴う時間のロスや余分な費用がかかるため、豊漁が期待できなければ出費がかさむ不利な操業形態だった。

なお網組の捕獲頭数については、「勝本組鯨御運上油銀書出帳」（益冨家文書）によると、壱岐の勝本で冬浦を六結組、春浦を三結組で操業した益冨・勝本組は寛政元／二年漁期（一七八九～九〇）に五四頭（背美（せみ）四八、座頭六）を捕獲しているが、「九州鯨組左之次第」によると、勝本や前目では五〇頭程度は大漁とは言わず、また普通の小組（三結組）の場合には冬春で二〇頭も取れれば良い漁だとされている。しかし条件が不利な漁場や不漁期には頭数も減少し、僅か数頭しか取れない場合もあった。

4　網掛突取法の過程

鯨の発見

鯨を取るためにはまず鯨を探さなければならないが、その方法には山見と番船があった。

山見は、鯨を探す行動とともに、その役目の者や、使う施設（小屋）、場所を指す言葉である。山見には本部と前哨があり、本部山見は納屋場や船団の待機場所に近い高所に置かれ、そこから見通せる範囲で鯨の通る海域を監視できる高所、岬、小島に複数の前哨山見が置かれた。『勇魚取絵詞』によると生月島周辺漁場には、御崎の納屋場に程近く網代を眼下に見る鞍馬鼻の山見が本部で、生月島東岸の大バエ（たかり）・鯨島・名残崎・日草鼻、生月島東方の下り鯨が回遊してくる二つの海峡（田の浦瀬戸、袴瀬戸）に面した的山大島の馬頭鼻・大賀鼻・白崎、度島の崎瀬、平戸島の神崎、生月島西岸にあって春浦操業で用いる旦那山、いかり山などに前哨の山見が置かれ、それぞれに羽指・友押などが詰めた。

呼子（唐津市）では昭和初期におこなわれていたノルウェー式砲殺法でも山見が用いられた関係で、

小川島の地の山に木造瓦葺きの本部山見小屋が現存し、佐賀県指定有形民俗文化財になっている。この小屋は四間×一間半の板壁瓦葺きの頑丈な造りで、聞き取りでは呼子漁場の他の二〜三の主要な山見も同じ仕様だったが、前哨の山見小屋の多くは、藁葺きの三角屋根に窓を設けた簡単な構造で、シーズン毎に建て替えていたという。

山見小屋で最も重要な設備は窓である。『小児乃弄鯨一件（しょうにのもてあそびくじらいっけん）の巻』に描かれた地の山山見小屋はただの横長の窓だが、『勇魚取絵詞』にある鞍馬山見小屋は、板屋根の庇を長く突き出して空があまり視界に入らないようにしている。視界が広くなるほど目の疲労が増すためで、現存する地の山山見小屋では、五尺と呼ばれる極端に縦方向が狭くなった窓を、上開き戸を調節してさらに視界を狭くする事ができ、水平線と海だけが見えるようにできた。

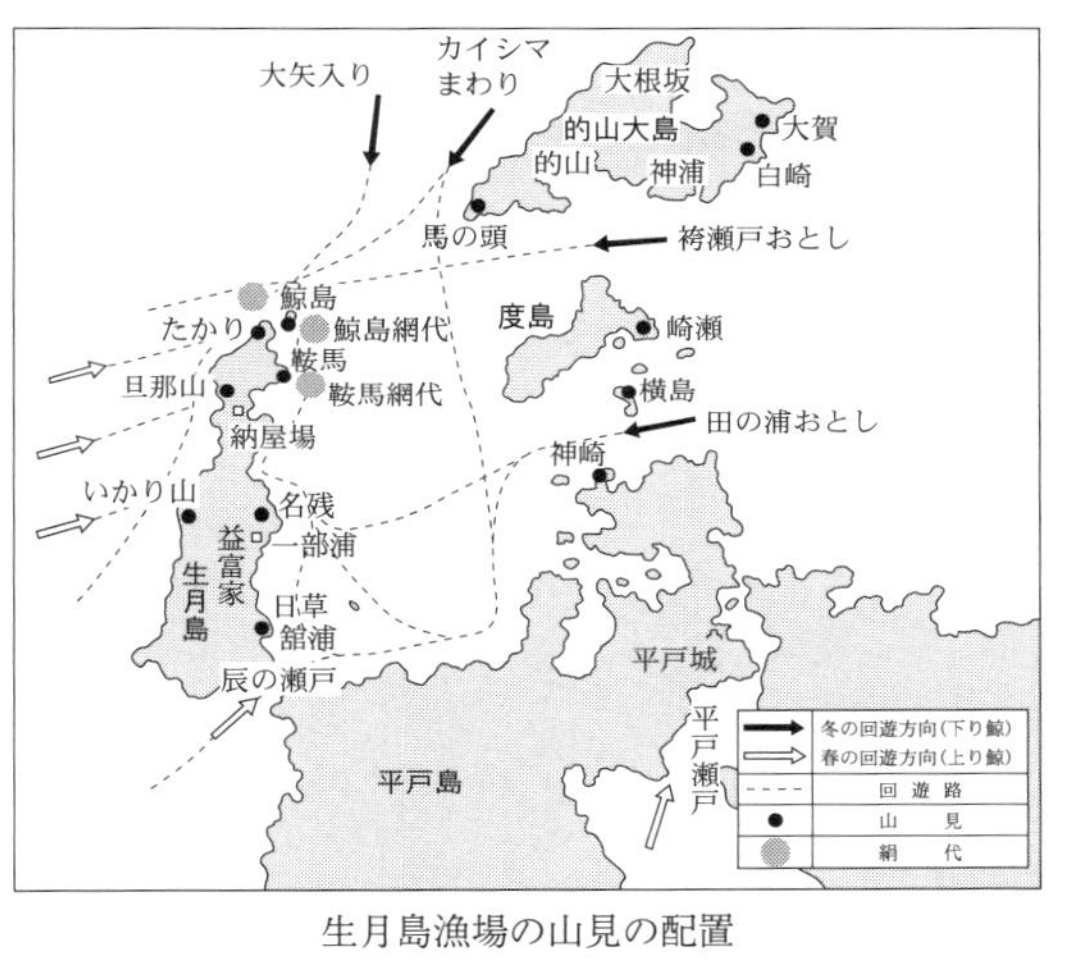

生月島漁場の山見の配置

山見の者は、おもに浮上する鯨が呼吸の際に吐き出す呼気（「気」と呼んだ）を探したが、山見は気の形で鯨の種類や進行方向も把握できた。当初は裸眼で探したが、江戸時代の後半には遠眼鏡も使われるようになった。呼子の山見経験者・坂本庄治氏の話では、最初は裸眼で広い海域を探し、遠眼鏡は確認の時に使ったという。昭和初期の呼子では、漁期中は悪天候の日以外は毎日山見がおこなわれ、夜明けから夕暮れまで監視を続け、昼飯も監視をしながら取ったという。また日常生活でも、山見は深酒や夜更かしなど視力や集中力に影響するようなことは控えていた。

　前哨の山見では鯨を発見すると、ただちに狼煙（のろし）などで本部山見や他の山見に知らせた。狼煙には松葉を用いたが、わざと戸外に置いて湿らせ煙が立つようにした。また狼煙を焚く場所で鯨の種類を知らせる事もおこなわれた。本部山見では、狼煙などの合図が見えると、筵旗を上げて合図を確認した事を知らせるとともに、鯨の来る方向や種類を、旗を使って船などに報せた。例えば小川島の地の山山見では山見小屋の東西に旗竿が立っていたが、本土側の土器崎（かわらけ）やツイタ（加部島（かべ））の山見からの報告の際は西の柱に苫（とま）旗を上げ、加唐島（かからじま）の山見からの際は東の柱の上まで、万崎や烏帽子島からの際は東の柱の中程まで上げた。

　なお勢子船が鯨を網に追い立てる段になると、網代近傍の山見は手持ちの幟（のぼり）旗を使って船に鯨の位置を知らせた。その様子は『勇魚取絵詞』にも描かれているが、坂本庄治氏の話によると幟旗の振り方で様々な情報を伝えたという。幟旗は、三～四尋の長柄（棒）に、横棒に通した一メートル程の長さの旗をつけたものだったが、次のように情報を伝えたという。

①船をこちら（山見の方）に呼ぶ時には、旗で招くように、前に向かってさっと下に降ろした
②こっちに来ては駄目という時には、旗を前に下げ、そのまま左右に（いやいやという風に）振った
③右に行けという時には、旗を右に倒した。左の場合はその逆

④船の針路が合っている時には、旗を上に立てたままにした
⑤船が近くに来ると「あっちの方向に行け」と、鯨の方向を指して旗を何度も突き出した
⑥そうして「その方向でいい」という時には、旗をじっと指したままにしていた
⑦鯨がさらに沖にいるという時には、旗を突き出した
⑧船に止まれという時には、旗をぐるぐる回した

山見の合図の結果、首尾よく鯨が取れた場合には、山見にも報償の肉が分配された。番船は、鯨を発見するために沖合に出した船（勢子船）で、山見からは確認しづらい沖合の鯨を探すのに用いた。鯨を発見した時には船上に旗を立てて合図した。

追い込み・網掛け

山見の合図を受けて勢子船が漕ぎ出し、鯨の後方と左右に展開し、鯨を網代に向けて追い立てるが、その際には音に敏感な鯨の習性を利用した。鯨は、視界が限られた海中で、仲間同士の交信、海中の地形の確認、餌の確認などに音を用いているが、それを逆手に取り、船縁を狩棒（かりぼう）（紀州では槌という）という木の棒で叩いて鯨が嫌がる音を出し、鯨を追い立てた。太地五郎作氏によると、沖合三〜四里にいる鯨はこの方法で岸の網代まで誘導できたが、長須鯨には音は効かないという。

一方、網代で待機していた双海船は、山見や番船の合図を確認すると、網戸親父の合図で網を張った。網掛突取法の網は、鯨にかぶせて遊泳速度を落とし行動を制約して、その後の銛突を容易にする

ための副漁具である。太地浦では当初、藁製の鯨網を用いたとされるが、おそらくは耐久性の問題で、直ぐに苧製の網に代えられている。苧は紀伊（和歌山県）、岩見（島根県）、備後（広島県）、長門阿武郡（山口県）、周防（同）、肥後球磨郡（熊本県）などが産地だった。網は毎年一部を新調し、一反の網のうち、新網は深さが真ん中あたりに用い、その上下に向かって段々と古い網が来る様にし、鯨が頭を突っ込む真ん中付近は新網で破れにくくして、反対に海底近くの古網は岩に引っ掛かっても直ぐに切れて離れやすくしていた。また横方向は、一反の網同士を小縄で括って繋げたが、鯨が網を被った時には小縄が切れて、残りの網は無傷のまま回収できるようになっていた。なお苧網は水気を含んだままだと腐るため、こまめに干す必要があった。普通は何本も渡した横木に掛けて干したが、生月島では扱いが便利なように、納屋場がある御崎浦に隣接する古賀江の平地に直径一メートル弱程度の平石を敷き詰め、網を広げて干した。

鯨網の張り方は紀州・土佐と西海で異なる。紀州・土佐漁場の方法を『熊野太地浦捕鯨乃話』の略図や『捕鯨網布図面』などで確認すると、鯨の前方に二艘の双海船が弓なりに網を延ばしたあと、他の双海船がその片側に網を継ぎ足していき、鯨を円く囲む形に張り回す。さらにその外側に別の双海船二艘が弓なりに網を張り、一艘が片側に網を継ぎ足して張り回す。このように網を継ぎ足しながら張り回して鯨を包囲するのが特徴である。なお紀州や土佐の網船（双海船）は、長さは勢子船とほぼ同じ、幅が二割増し程度と大きさに大差はなく（六〇石積み程度）、「九州鯨組左之次第」によると、寛政期の土佐・浮津組の網組は一反が深さ一八尋（三二メートル）幅九尋（一六メートル）程の網を二〇反積んでいる（全長約三二〇メートル、約一万平方メートル）。

一方、西海漁場の主要な方法を『小児乃弄鯨一件の巻』の図で確認すると、絵巻の横長な形に制約されてはいるが、網を弓なりに三重に張っているのがわかる。『勇魚取絵詞』の説明によると、三結（双海船各二艘）の網の一結が鯨の予想進路前方に網を張り、その後方に、別の二結がそれぞれ左右にずらして網を張るため、網の中央は三重、その両側は二重、端の方は一重に網を張ることになる。一反の網は一八尋（三二メートル）四方で、双海船一艘には網一九反を積む（全長約六〇〇メートル、約二万平方メートル）。西海の双海船は百石積みと言われるほど大型で、勢子船より一回り大きく、とくに幅は五割増しで荷船のようにがっしりしているが、船足が鈍るのを補うため、古い勢子船などを転用した附船が曳航した。このように西海漁場では、継ぎ足し張りの必要がない長大な網を大型の双海船に積み、弓なりに張るのが特徴である。『勇魚取絵詞』には、背美鯨の潜水深度は網の深さと同じ一八尋程なので、沖合で網を張っても取れるが、座頭鯨、長須鯨はそれより深く潜るので、一八尋ほどの水深の所に網を張って洩らさず取る構えにしたとある。また紀州の網は浮きに浮樽を用い、西海では桐の木のアバ（浮木）を用いたが、後者の方が壊れにくく迅速に網を張るのに適していた。

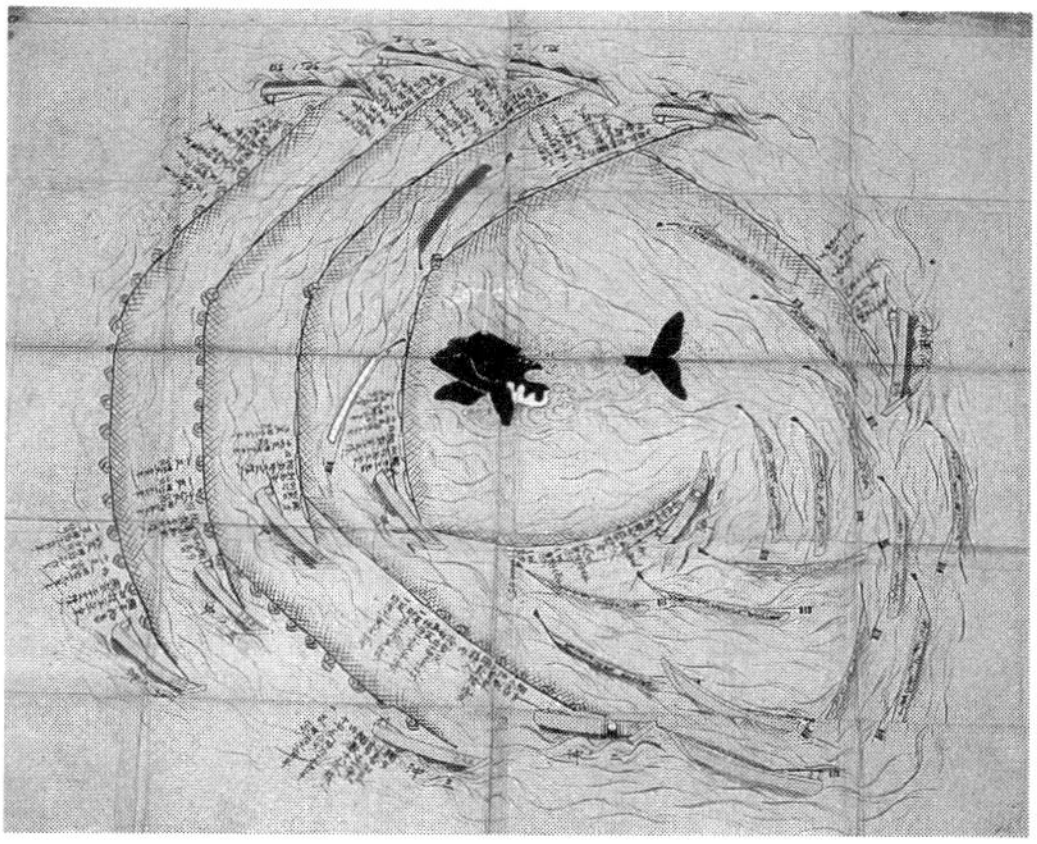

土佐漁場の網張（『捕鯨網布図面』多田公子氏蔵）

西海漁場の網張（「肥前国産物図考」佐賀県立博物館蔵）

西海漁場の双海船の加子には、瀬戸内海方面の備後田島（広島県福山市）、周防室積（山口県光市）などの漁民が多く雇われたが、これらの地域は、江戸時代の初めから苧で網を作る技術が発達し、苧網を用いた網漁も盛んだった。たとえば「しばり網」と呼ばれる鯛の船引網では、カズラ縄という魚を脅かすための綱を曳いた二艘のカズラ船で鯛を追いまわし、その前方に二艘の網船が全長一六〇〇メートル、中心部の深さが五〇メートルに達する大網を弓なりに張って待ち受け、鯛が入ると網を絞って引き上げた。このような大網の製作や扱いに馴れた瀬戸内海の網漁師は、双海船の加子にうってつけであり、西海式の網掛は、アイデアは紀州から貰ったが、具体的な方法には瀬戸内の苧の大網の技術を活用したと考えられる。なお、網は必ず一カ所で三重に張るわけではなく、『小児乃弄鯨一件の巻』の漁場の図に認められるように、数カ所の網代に双海船を分散配置して、各個に網を張る場合もあった。

西海漁場ではチロリという網も使用されている。『小児乃弄鯨一件の巻』によると二艘一組で運用する一二反ほどの小さな網で、大網（通常の鯨網）と並行して用いているが、『松浦風土記』には、呼子の中尾組は網組に移行した当初にチロリ網を導入し、そのあと大網を導入したとしている。この記述は深澤組が鯨網を導入した過程に似ている事から、チロリ網は当初試行された古い網である可能性もあるが、具体的にどのような用い方をしたかは不明で、一九世紀には使われなくなっている。

また西海漁場の東端にあたる長州北浦の通浦、瀬戸崎浦（山口県長門市）では、天和元年（一六八一）に網掛突取法が始まっているが、『風土注進案』の記述を見ると、ここの方法は奇数の隻数の小型の網船を用いる事などから、紀州の網掛法が直接入った可能性がある。また同地の網組は網掛突取法とともに、同地で先行しておこなわれてきた断切網法もおこなっている。

銛、剣を打つ

鯨が網を被り泳ぐ速度が鈍ると、勢子船から銛を打ち、鯨と船を繋ぎ止めた。前章で紹介したように紀州の網組では使用する銛は七種類ほどあり、一艘の勢子船には二〇本以上の銛が積まれ、突取のみでも容易に鯨が取れる備えをしていたが、網掛を重視する西海の網組では、早銛と萬銛の二種類が各二本ずつ勢子船や持双船に積まれるだけだった。早銛は、網の前で尻込みする鯨を脅かして網に突っ込ませたりするための、銛先の重量が一〇〇匁（約四〇〇グラム）程度の軽い銛で、約三・五メートルの柄が付いていた。萬銛は、鯨が網に掛かった後に打つ、鯨の逃走・沈下を防ぎ、船を曳かせて鯨を疲労させるための主要な銛で、銛先の長さはおよそ四尺（約一・二メートル）、重さは九五〇〜一貫五〇〇匁（約三・五〜約五・五キロ）に達し、約二・五メートルの柄が付いていた。

日本の古式捕鯨業では、銛は上向きの角度で投げ上げたが、そうして上から落とすようにした方が、

網を被った鯨に銛を打つ
（『勇魚取絵詞』佐賀県立名護屋城博物館所蔵）

的が広くなり当てやすかったと思われる。野村史隆氏の「三重県下の捕鯨漁具」や柴田恵司氏の「古式捕鯨銛とその有効射程」によると、銛の有効射程距離は銛の重量や揺れる船上から投げることを考えると、早銛でおよそ一三メートル程度、萬銛で八～九メートル程度と、比較的近距離だったと考えられている。こうした投げ方の場合、銛を遠くに投げる事より、どの角度でどの位の力で投げると、どの距離に落ちるのかを身体に覚え込ませる事が重要だったと思われる。

最初に鯨に萬銛を打ち込む行為「一番銛」は大変な栄誉とされ、打ち込んだ羽指などには報償が与えられた。続いて二番銛、三番銛が打ち込まれるが、銛を打ち込んだ船は合図の印旗を立てた。益冨組の場合、鯨の種類や子供鯨の有無で異なる印旗を用い、また背美鯨は舳先、座頭鯨と長須鯨では艫（船尾）にと旗を立てる位置も異なった。

何本もの銛を打たれ、何艘もの船を曳きずることで、鯨は疲労を重ねていくが、子持ち鯨の場合には、泳ぎが遅い子にまず銛を打ち、戻ってくる母鯨もろとも捕獲した。

銛綱を通して何艘もの船を曳く事で鯨が疲労すると、長柄の先に鉾のような形の道具を付けた剣を打つ。前章で紀州では剣に大中小があることを紹介したが、西海の網掛突取法では剣は一種類となり、勢子船や持双船に一本ずつ積まれていた。剣のサイズについては組や時代によって仕様が異なるが、江戸時代後期の生月島の益冨組では、剣の先端の重さ一貫九〇〇匁（約七キロ）・同長さ三尺（約九〇センチ）で、約三・六メートルという長大な柄が付いていた。

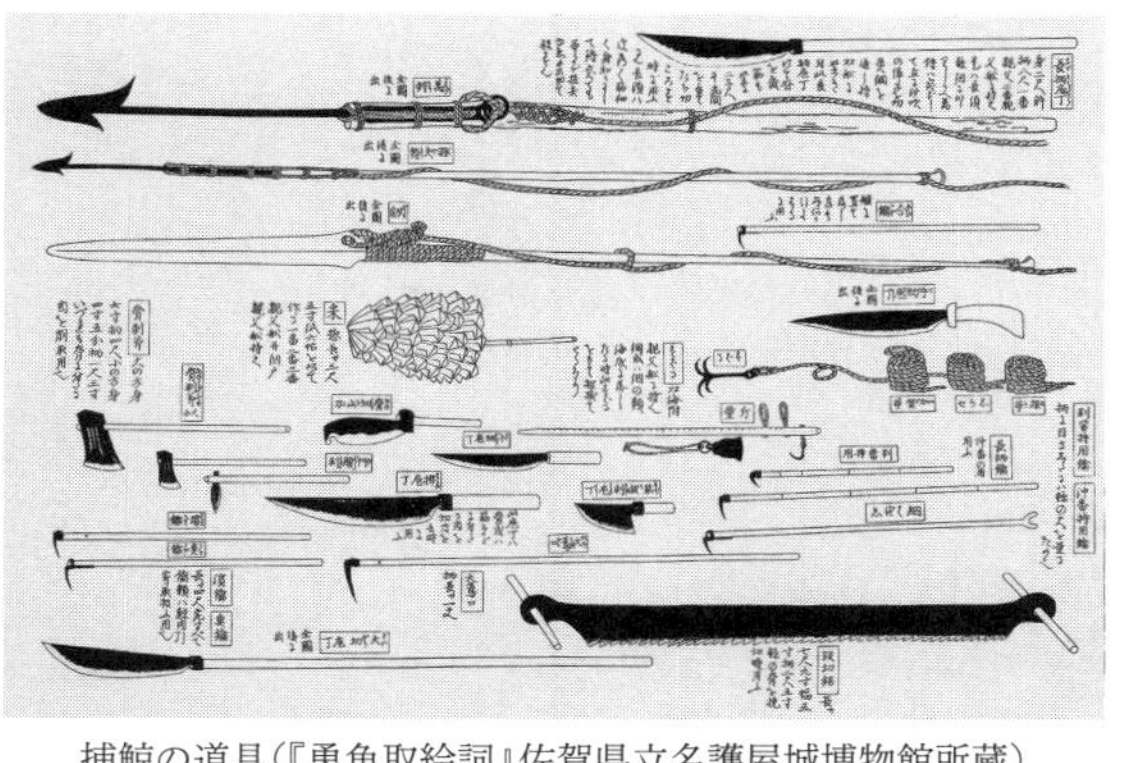

捕鯨の道具（『勇魚取絵詞』佐賀県立名護屋城博物館所蔵）

剣を打つ際、羽指は勢子船から持双船に乗り移った。『鯨魚覧笑録』には、持双船の舳先に五人の男が立って、垂直に立てて持った剣を、次々に投げ上げている場面がある。持双船に移るのは、鯨が沈下しはじめた時、直ちに鯨を持双掛けにして確保できるからであり、また勢子船は萬銛の綱で曳かれている状態なので鯨に近づけず、行動が制約されたからだと考えられる。

落下した剣は鯨に深く傷を負わせ、綱を引いて抜くと回収して再び突く。大きな鯨の場合、一〇〇回以上突くこともあるという。次に紹介する鼻切りを終えた後も、鯨に船を寄せてさらに突き続ける。そうして鯨の厚い脂肪層を突破し、腹腔に達する傷を負わせ、腹腔に海水を流入させ肺を圧迫して、鯨を溺れさせるという。生月島では、その際傷口より泡が発する様子を「湧く」と言った。

鼻切りと持双掛け

剣の投射のあと、羽指（紀州では刺水夫）が鼻切包丁を持って海に飛び込み、鯨に泳ぎ着くと網や銛柄を頼りに鯨の背中によじ登り、背中の最上部にある鼻腔に達し、包丁でえぐって綱を通す穴を開けた。この作業を『勇魚取絵詞』では「鼻の障子を切る」と言っているが、障子とは二つの鼻穴の間の肉で、そこに穴を開けるのは座頭鯨の場合で、背美鯨は一つ穴の鼻腔の壁の上下方向に穴を開けた。開け終わると別の羽指が綱を持って鯨に泳ぎ着き、穴に綱を通して船と繋げた。

鼻切り（「肥前国産物図考」佐賀県立博物館蔵）

生月島の伝承では、捕鯨は厳冬期におこなわれるため、羽指は褌一つの裸体にドンザを二枚重ねに着込んで待機し、作業が終わると火鉢を抱えて暖を取ったという。また羽指の女房は、亭主の身体がいつも脂ぎった状態で水を弾くようでなければ非難されたという。

鼻切包丁（手形包丁、羽指包丁とも呼ばれる）は、鯨に綱を通す穴を開けるのに用いる刃物である。刃渡りは三〇センチ程度だが、軟鉄で出来ているため、鯨の鼻の穴にくじり入れやすいように、船縁で叩いて曲げることができた。柄は刃に真っ直ぐに付けるタイプと、ピストルのグリップのように曲がって付けるタイプがあるが、後者は鼻の穴にくじり入れる際の利便を考えた形状と思われる。生月島では羽指が刃をくわえて泳いだという。

次に鯨を納屋場まで運ぶ段取りとなるが、その時には持双掛けといい、二艘（四艘、六艘の場合もある）の持双船の間に持双柱（これも一本から四本まである）を渡して船に固定し、鯨の上に船を漕ぎ寄せて柱の下に鯨を吊った。吊るのには羽指が鼻に開けた穴に通した綱を使うが、鯨の胸と腹の下にも羽指が潜って綱を渡し、船に括り付けて吊った。持双掛けは捕獲に劣らず難しい作業だった。何故なら座頭鯨や長須鯨は息絶えると沈み始めるため、素早く柱に結びつけなければならない。しかし鯨がまだ余力を持っている場合、突如暴れまわって人や船に損害を与える恐れもあった。

持双掛けを終えて鯨体を確保すると、もはや鯨が逃げる心配は無いので、剣や大切包丁で突いて絶命させた。『西海鯨鯢記』や『勇魚取絵詞』によると、西海漁場では、鯨が声を鳴らして息絶える時、羽指や加子は念仏を三遍唱えた後、「三国一じゃ大背美捕すまいた」と唱えたという。

持双掛けに用いる持双船も鯨船から分化した船で、勢子船より少し幅広だが殆ど同じ姿で、勢子船の古船が使われた例もあるが、水押に勢子船のようなチャセン飾りが無いのが特徴である。勢子船同様八丁櫓で漕ぐが、鯨を吊り下げた持双船の動きは鈍重になるため、しばしば勢子船に曳航された。持双船の前方に左右二列に勢子船が並んで曳く形は、当時の大型船（朝鮮通信使船や藩主の御座船）の曳航法と同じである。

なお鯨を仕留めた際、納屋場に鯨の捕獲を知らせる注進船には、一番銛を打った船が選ばれた。報告が終わると、注進船の羽指には酒が振る舞われた。

5　解体・加工

解体

持双船によって運ばれた鯨は、紀州や土佐では、広い砂浜を利用した解体場所に尻尾から上げた。砂浜は解体された鯨の各部位を置くのに都合がよく、鯨を解体するため自由に動き回る事もでき、潮の干満で血などの汚れも洗い流す事もできた。紀州や土佐ではおもに鯨の引き上げに轆轤（ろくろ）（人力ウィンチ）を使用した。轆轤は、地面に設けた穴に綱をつけた丸木を立て、それに十字型に横木を通し、それを多くの人が押し回す事で綱を巻き取る装置で、神楽（かぐら）を舞うようにぐるぐる回って押すためカグラサンとも呼ばれた。紀州や土佐では、鯨の解体は包丁で肉をブロックや丸切りにしていき、解体された鯨の部位は、紀州太地では砂浜に部位別にまとめて置かれ、その後浜辺に隣接した加工施設に運ばれた。また土佐では、塀で仕切られた魚場という場所に部位毎に集めて売買された。

西海漁場では、突組の頃の納屋場は、鯨油を製造する油納屋を中心とした小規模な施設だったが、鯨体を利用する方法が順次整備され、また網組に移行した後は、一漁場一網組となって経営が安定したこともあって、大納屋、小納屋、骨納屋の三大加工施設を中心に、筋納屋、髭納屋などの加工施設

紀州・太地の解体風景（「紀州熊野浦捕鯨図屛風（部分）」和歌山県立博物館蔵）

生月島御崎納屋場の解体風景（『勇魚取絵詞』佐賀県立名護屋城博物館所蔵）

や、完成した製品や捕鯨資材を納める蔵、鯨組の人員が操業期間中に起居する羽指納屋・加子納屋、前作事場や網干場を併設する、大規模かつ恒久的な施設となっていった。

西海漁場の納屋場は、ある程度の水深がある入江を選び、解体をおこなう渚を中心に半円形もしくはコの字型に護岸の石垣を巡らし、その上に轆轤を多数配置した。加工をおこなう諸納屋の建物は護岸の上の平地にあり、浜の捌場（解体場）と納屋は階段で結ばれていた。

西海漁場では轆轤は、鯨の引き上げだけでなく解体にも活用された。最初に轆轤を使って渚に鯨を頭からつけると、まず鯨の皮身を轆轤で引っ張って張力を加えながら、包丁で切れ目を入れて剝いでいく（この方法はオランダ人から習った可能性がある）。その際、轆轤が高い位置にあると、鯨体や地面に綱がかかることもなく、力を無駄なく伝えることができた。また解体と加工作業は同時に進行し、解体で分離した各部位は、その都度赤身持や鉤棒に吊り下げ、納屋場に運び込んで加工された。

『鯨魚覧笑録』によると、西海漁場の納屋場では解体は次の手順で進められた。

①頭と胴体の境目の皮に、二㍍近い長柄を付けた大切包丁で切れ目を入れる。次に胴と尻尾の境にも同様に切れ目を入れる。次に胴部の背と腹の境に切れ目を入れる。そうしておいて、背中の皮に鉤をつけて轆轤でひっぱって、皮を剝がす

②①で剝いだ部分の内側の赤身を取る

③胴部の左右の腹皮を取る（この作業も轆轤の助けを必要としたであろう）

④大骨（背骨）を取る

⑤山の皮（頭上部の皮）を取る
⑥棚（口の横の部分・背美のみ）を取る（口の中の髭を取りやすくするためのようだ）
⑦頭（下顎から上）を取る
⑧嘴（下顎部分）とサエ（舌）を取る
⑨丸切と言われる胴から尾羽（尾鰭）に続く部分を取る
⑩肋を取り、また中の腸を取る
⑪敷の皮（腹の下側の皮）を取る
⑫開の元（性器）を取る
⑬最後に尾羽毛（尾鰭の肉）を取る

これを見ると解体作業がマニュアル化されていたことがわかる。経験によって短期間に効率よく解体する手順が確立されたのだろうが、それにより肉の傷みを抑えるとともに、つぎの獲物にたいしても迅速に対応できたと思われる。「九州鯨組左之次第」によると、一日に四頭も処理できる西海漁場の納屋場の高い解体効率に、視察に訪れた土佐藩の役人も舌を巻いている。

なお第六章で紹介するが、西海漁場系捕鯨図説の解体場面には、近隣の住民や従業員が鯨肉をくすねるカンダラと呼ばれる行為や、当時ライの鳥と呼ばれたアホウドリが肉をついばむ様子が描かれており、解体の際の日常風景だったと思われる。

加工

解体後の鯨の各部位は、西海漁場では納屋と呼ばれた施設群の中で製品に加工された。おもな製品は鯨油と塩蔵(えんぞう)肉だったが、他にも不要な部分が無い程、様々な製品が作られていた。

生月島御崎納屋場の大納屋内部
(『勇魚取絵詞』佐賀県立名護屋城博物館所蔵)

皮身や赤肉などの主要な部位は大納屋に運び込まれた。大納屋の主な役割は、皮身の脂から油を取ることと、皮身や赤身から食用の塩蔵肉を作る事だった。大きな皮身は魚棚という簀子(すのこ)敷きの場所に運ばれ、魚切が大切包丁である程度の大きさに切り分け、それを壁際に並んだ小切場(こきり)に回した。小切場には多い時には七〇～八〇人が横並びに座り、小切包丁で皮身を細かく刻み、前の切桶に入れていった。その切桶の皮身片は、一列に並んだ竈の油煉釜(平釜)に順次投入されて煎られ、釜で溶けて液状(鯨油)になったものを、柄杓(ひしゃく)で釜の前に渡した樋に汲み上げ、樋を通って別室の大壷に流し込み冷やされた。そうして作られた鯨油を樽詰めにして出荷した。

赤身や皮身(白肉)や尾羽毛(尾鰭の肉)などは食用にするため、大切包丁で切った後、塩漬けにされた。鯨食が広く普及した明治時代には、鯨の油の含有量や、油や煎粕と肉の相場を比較して、利益が上がるほうに加工して出荷している。

膵臓（すいぞう）、腎臓、胃袋などの内臓も、脂肪分が多いため鯨油の製造に使われたが、これらは小納屋で処理された。また骨についた肉を剝ぎ落とす作業も小納屋でおこなわれた。

骨も髄の部分に大量の油を含んでいたので、鯨油の製造に用いられた。小納屋で肉を剝ぎ落とした骨は骨納屋に運ばれ、二人挽きのダンギリ鋸で引いて分割し、さらに斧や山刀で細かく割った。それをさらに三〇人ばかり並んだ小切揚者（こきりあげもの）が削ってこけらにしたものを、海水を入れた釜で茹でて油を煮出した。煮出した後の骨片も、足踏みの臼でついて粉々にして再度煮て油を取り、残った骨粕も集めて肥料にした。

筋は筋納屋で、包丁でこさいで水に晒した後、天日に干して乾かした。また髭も根もとの肉をこそぎ取ってから保存した。

第五章　古式捕鯨業時代後期

古式捕鯨業時代後期の始まりは、鯨の来遊数の減少によって恒常的な不漁傾向が顕著になっていく弘化年間（一八四四～四八）を設定している。この時期は、不漁によって捕鯨業全体が衰退に向かう中で、従来の技術では捕獲が難しかったため頭数が減少していなかった長須鯨（ながす）の効果的な捕獲などを念頭に置き、漁法の改良や外来漁法の導入が図られていった事で、様々な捕鯨法が並行しておこなわれた、次の近代捕鯨業時代への過渡期と位置づけられる時期である。

明治は開国に伴う文明開化の時代で、欧米の科学技術や制度を積極的に導入し、総じて近代に属する時代と捉えられている。しかし近代化は全ての産業分野で一律に進行した訳では無く、捕鯨の場合、明治前～中期には相変わらず殆ど沿岸海域で、操業内容や編成、効率なども古式中期と大きな差がない漁がおこなわれている事から、あくまで古式捕鯨業時代に属する時期として位置付けるのが妥当である。なお福本和夫氏はこの時期の後半を第四段階「銛（もり）にボンブランス併用による捕鯨業時代」としているが、ボンブランス捕鯨（銃殺法）はこの時期の漁法の主流となる程には普及していない。

この時期（そして古式捕鯨業時代）の終わりは、ノルウェー式砲殺法が導入され普及する明治時代後期で、遠洋捕鯨株式会社が烽火丸で実験操業を始めるとともに、日本遠洋漁業株式会社が設立された明治三二年（一八九九）から、東洋漁業株式会社が国内漁場の本格開拓を開始し、国内漁場におけるノルウェー式砲殺法の優位が確実になった明治三九年（一九〇六）にかけてを、漸移的な画期とする。

1　幕末以降の捕鯨業の衰退

江戸時代には、その時々の鯨の回遊数の変化によって鯨の豊漁不漁があったが、弘化年間（一八四四／四八）頃から始まる不漁は慢性的で、各地の鯨組の経営を深刻な状態に追い込んでいく。たとえば壱岐の前目・勝本という、共に六結組が操業した日本有数の捕鯨漁場では、弘化二／三年漁期（一八四五／四六）に一三八頭の鯨を捕獲しているが、翌弘化三／四年漁期（一八四六／四七）には八五頭と半減し、嘉永二／三年漁期（一八四九／五〇）には二五頭まで激減、その後も低調のまま推移している（「長崎県水産一般」）。また奈須敬二氏がまとめた長州・川尻浦の一〇年ごとの鯨種別捕獲頭数の推移のデータによると、一八三一～四〇年、一八四一～五〇年には、それぞれ五〇頭前後を示していた背美鯨の捕獲頭数が、一八五一～六〇年には二〇頭前後まで激減し、一八六一～七〇年にはゼロにまで落ち、かわりに長須鯨の頭数が増えている（「江戸時代の山口県川尻における捕獲鯨の生物学的考察」）。

この不漁の原因は、アメリカを中心とする欧米各国の、突取法をおこなう捕鯨母工船が日本近海に進出して盛んに操業したことによって、日本の沿岸に接近する鯨の数が激減したためと考えられる。さきの川尻浦のデータで、欧米捕鯨業の主要対象の一つだった背美鯨が激減したのに対し、対象外だった長須鯨には影響がなかった点もその裏付けとなる。この不漁の影響で各地で廃業する鯨組が出ており、例えば益冨組も、幕末には規模を縮小したり、漁場を転々と替えるなどの経営努力を続けたが、廃藩置県がおこなわれた後の明治七年（一八七四）に捕鯨業から撤退している。

こうした状況の中、生き残りをかけて従来の漁法の改良が模索される。定置網による鯨の捕獲は、各地で鮪や鰤を取る定置網の兼業の形でおこなわれていたが、一九世紀初頭には鯨専門の定置網が考案され、明治時代には各地でおこなわれる。また網掛突取法でも長須鯨を取るための改良がおこなわれている。一方で外来の漁法や捕鯨機器の導入も積極的におこなわれ、幕末にはジョン万次郎によって洋式突取法が試みられ、明治に入るとボンブランスを用いた銃殺法や各種の砲殺法が導入されている。これらの漁法の中には限られた漁場において継続操業されたものもあったが、多くは短期間の試験操業で終わっている。

一方で、幕藩体制や対外関係の制約が無くなった明治時代になると、従来操業が無かった新たな漁場で捕鯨がおこなわれるようになる。香川県西部海域では明治二三年（一八九〇）末から縄網を加えた網掛突取捕鯨がおこなわれている（「西讃捕鯨事業景況」）。北海道でも古くからアイヌによる捕鯨がおこなわれてきたが、寛政一二年（一八〇〇）には捕鯨漁場の開拓を企図する幕府の命で、西海漁場の益冨組の羽指が択捉島に派遣されており、安房の醍醐組の関係者にも同様の検討が命じられているが、水深や海象などの自然条件が当時の漁法に不向きで、また消費地と遠い流通環境もあって実現には至らなかった。明治時代に入ると、明治一八年（一八八五）に斉藤知一が後志（しりべし）の岩内（いわない）で操業を開始したのが、内地人による捕鯨業の始まりとされる。しかし鰊（にしん）漁業者と衝突し、翌年には天塩（てしお）の羽幌（はぼろ）に根拠地を移している。さらに明治二六年（一八九三）に岩谷松平が北見の稚内（わっかない）で網船四艘、銛船四艘を用いた網掛突取捕鯨をおこなっている（「北海道捕鯨志」）。

さらに国外の朝鮮海域でも、福岡県の扶桑海産会社が明治二二年（一八八九）から慶尚道絶影島を根拠地に網掛突取捕鯨をおこなっている。その後機材を受け継いだ釜山水産会社が、明治二五年（一八九二）以降、ボンブランスや関澤式中砲を用いて明治二六年（一八九三）頃まで操業している。また香川県の奴賀新造が率い紀州漁夫が多数参加した讃州捕鯨組も、釜山を根拠地に明治二九年（一八九六）から三三年頃まで操業している（「朝鮮海捕鯨業」）。

このような新漁場の開拓も、漁法面では旧来の域を脱する事は無く、充分な成果を上げることはなかった。

2　欧米捕鯨の日本近海進出と開国

ヨーロッパにおける捕鯨の始まり

紀元前三〇〇〇年頃とされるノルウェーの岩壁画に鯨の図が見られるように、ヨーロッパでも古くから捕鯨がおこなわれていたと考えられるが、スペイン北部バスク地方のバスク人は、七世紀頃からビスケー湾沿岸で捕鯨をおこない、一一世紀頃までに専門的な産業としての捕鯨（捕鯨業）に発展したと考えられている。当時捕獲の対象となった背美鯨は、その捕獲対象としての有用性から、英語で「正規の獲物」とでもいうべき"right whale"と呼ばれた。当時、鯨油は獣脂蝋燭や潤滑油、船のコーキング剤などに使われ、皮脂肉の塩漬（クラスポア）も、キリスト教で肉食が禁止された日に獣肉の代りに食べるものとして需要があったという（『「塩」の世界史』）。

その後バスク人は北海やアイスランド海域に進出し、一六世紀中頃には大西洋を渡って北米ラブラドル沿岸に進出している。さらに一六世紀末に高まった北方航路の探検で、大西洋の北の北極海に背美鯨の近種である北極鯨がたくさん生息するという情報が伝わると、オランダやイギリスが一七世紀初頭に北氷洋のスバルバール諸島（スピッツベルゲン島）に進出して捕鯨を始める。特に国を興して間もないオランダは、東洋貿易を推進する一方で、北洋会社を設立して北極海捕鯨を強力に推進し、スピッツベルゲン島にスメーレンベルクという捕鯨の町を建設し、そこを基地にして盛んに捕鯨をおこなっている。当地の捕鯨では、ボートを使った突取法で鯨を捕獲し、母船の大型帆船の舷側で解体して皮脂のみを剝ぎとり、その皮脂を細かく刻んで樽詰めにして、陸上の基地に持ち帰ってから鯨油に加工した。スバルバール諸島近海での捕鯨が鯨の減少で下火になると、漁場はグリーンランド海域まで拡大するが、そこでは大型帆船の母船にボートを搭載して漁場に進出し、突き取った鯨は母船の舷側で解体し、樽詰めにした皮脂肉を本国に持ち帰って加工するようになった。

一方オランダ人によってスバルバールの沿岸から締め出されたバスク人は、大型帆船を用いた母船上に炉などの製油施設を設け、洋上の母船舷側で鯨を解体し、船上で皮脂から製油する方法（母工船型洋式突取法）を確立したと考えられている（『捕鯨Ⅰ』）。

アメリカ捕鯨業の発展

一七世紀初頭に入植が始まった英領植民地アメリカでは、当初から漂着鯨が利用されていたが、一七世紀中頃には沿岸捕鯨が始まり、次第に沖合へと進出していき、一八世紀中頃には船上で製油する方法がおこなわれるようになっている（『クジラとアメリカ』）。当時のアメリカ捕鯨業が主な対象としたのは抹香鯨（まっこう）だが、この鯨の頭部には、脳油と呼ばれる浮力の調節に役立つ油が詰まっていて、これが良質の機械油になることがわかったのである。当時のアメリカ捕鯨では、大型帆船を用いた母工船（普通「捕鯨船」と呼ばれる）に三〇人程度が乗り組んで航海したが、漁場が遠方に広がるにつれて長期の航海を余儀なくされ、母港に帰投するまでの航海日数が四年に及ぶこともあった。母工船も次第に大型化し三〇〇〜四〇〇トンに達したが、船主が資金を出して準備をおこない、乗組員には利益のなかから役割に見合った割合の報酬がでた。

当時の母工船には通常五艘ほどの捕鯨ボートが積まれていて、それぞれに士官（櫂の舵を取る）、銛打ち、漕手四人が乗り込んだ。母工船のマストにいる見張りが鯨を発見すると漕ぎ出し、銛（ハプーン）を打ち込んでボートを曳かせて疲労させた後、木の葉形の刃先の槍（ランス）で突いて仕留めた。抹香鯨の場合、脳油を取ったあと、皮脂だけ剝ぎ取って製油し、残りの肉や骨は投棄した。

一八世紀前半、アメリカ船籍の捕鯨母工船は北大西洋での操業を主としていたが、後半にはアフリカ北西沿岸、カリブ海周辺、ブラジル沿岸に進出している。一七九一年にはホーン岬を越えて太平洋に進出し、漁場の中心は大西洋から太平洋に移るが、漁場は次第に北上し、日本近海の漁場（ジャパングラウンド）も一八二〇年に確認され重要な漁場となる。アメリカ船籍の捕鯨母工船は一八四六年には七三五隻に達し、母港のニューベットフォードやナンタケットは非常な活況を呈した。当時のアメリカの捕鯨業は、南部の綿花生産とならぶ重要産業であり、機械の潤滑油や街灯の燃料を供給する事で、欧米の産業革命の進展を支えたのである。

アメリカ捕鯨の図（勇魚文庫蔵）

日本周辺漁場への進出と開国

アメリカの捕鯨母工船に救助された後、捕鯨に従事した経験がある中浜万次郎（ジョン万次郎）は、嘉永元年（一八四八）ごろ中国と日本の間の海では、万次郎が乗り組んでいた船を含め五〇隻ほどの欧米の捕鯨母工船が操業し、小判二四〇万両と想定される莫大な利益を上げていると幕府に報告している。日本海を含めた北太平洋の捕鯨漁場は、欧米の捕鯨業にとって当時最重要の漁場と認識されていた。しかし同漁場の弱点は、近くに補給をおこなう港が無かった事だった。当時の欧米の捕鯨母工船は、何年間も航海を続けることができたが、水や食料、燃料の薪は補充する必要があり、ハワイ諸島は太平洋で操業する欧米の捕鯨母工船の補給港として栄えた。しかしハワイは日本周辺を含む北太平洋の漁場からは遠く、補給港として最良の位置にあった日本の諸港は、オランダ・中国に対する管理貿易がおこなわれた長崎などを除き、外国船に対して閉ざされていた。欧米の捕鯨母工船の船員の中には、日本の離島や海岸に無断で上陸して薪や水を入手したり、食料をかすめ取る者もいて、幕府も神経を尖らせていた。

日本を開国に導いたペリー提督の来航目的の一つには、アメリカ捕鯨母工船への物資補給の要請があった。日米和親条約の第二条には「伊豆下田、松前地箱館の両港は、日本政府に於て亜墨利加（アメリカ）船薪水食料石炭の欠乏の品を日本にて調候丈は、給し候為め、渡来の儀差免し候（後略）」とあり、特に箱館（函館）は日本海で操業する母工船の補給基地として重視された。アメリカの駐日総領事ハリスは安政四年（一八五七）の日米協約で、函館に入港する捕鯨母工船は年間三〇〇隻に達していると報告し、函館への副領事の駐在と、母工船などに物資補給を請け負うアメリカ商人の居留を幕府に承諾させている。さらに安政五年（一八五八）に締結された日米修好通商条約では、日本海岸の新潟が開港場に盛り込まれたが、これも母工船の補給港としての役割が重視されてのことと思われる。

3　網掛突取法の改良

土佐津呂（つろ）（高知県室戸（むろと）市）の網組では安政五年（一八五八）、従来二〇尋（三六メートル）の深さだった網に四尋の腰網を足し、二四尋（四三メートル）にした長網を用いるようになった。これは津呂の奥宮保馬が平戸藩で聞いた長須鯨漁の様子から着想したものだという（『土佐捕鯨史』）。

一方、西海漁場の網組では、従来の鯨網に加えて縄網を使用するようになる。すでに寛政一一年（一七九九）の「九州鯨組左之次第」に、五島灘の江島、嘉喜之浦（西海市）で春浦操業をおこなう岡田勇右衛門組で、後方を遮断する目的（口張）で縄網を使用した記録があるが、安政四年（一八五七）の『小川島鯨組定法一切記』にある呼子（唐津市）小川島組の船団編成にも、大双海船八艘、小双海船二艘とともに縄網船二艘が記されている。さらに『小川島捕鯨株式会社沿革』にある明治一一年（一八七八）発足の小川島捕鯨組の船団編成も、大双海船八艘（各網一八反積み）、小双海船五艘（同一二反積み）、口張船一艘（同一〇反積み）、勢子船一六艘（他予備一）、持双船四艘（他予備一）、縄網船六艘（三〇反積み二、二〇反積み一、一五反積み三）、双海附船八艘、納屋船二艘、伝馬船四艘、伝当船一艘の計五六艘からなっており、六艘の縄網船が確認できる。同資料によると、網代は水深二〇尋から三五尋（六三メートル）の、網が引っ掛からない砂や小石原の海底の場所に設け、浅い方を座頭鯨、深い方を長須鯨の漁場として使ったとあり、また伝統的な網組の装備は背美鯨・座頭鯨の捕獲に主眼を置いていたが、近年それらの鯨類の回遊は減少した事で長須鯨の割合が多くなったため、それに応じた形で装備を変えたとある事から、縄網の増強は長須鯨漁を想定したものであることがわかる。また坪井洋文氏が『離島生活の研究』に報告した小川島組の網代があった加唐島における聞き書きによると、縄網は海岸側に張る網だとされている。

但し、縄網を含めた網掛突取法の改良は長州北浦漁場で先行していた可能性もある。前章で長州通・瀬戸崎浦（山口県長門市）の網掛突取法は紀州から導入された可能性がある事を紹介したが、『川尻捕鯨会社捕鯨業調書』によると、通・瀬戸崎から漁法が伝わったと考えられる川尻浦（下関市）の網組の双海船は八反積みの軽快な船で、当時（明治時代）九州方面に導入される程だった事や、同地で弘化三年（一八四六）に地の手縄網が、明治一九年（一八八六）に沖の縄網が発明されたとしている。また川尻に程近い黄波戸浦組（長門市）の明治時代の操業では、今岬の先端から縄網を沖に延ばし、その先に本網を半円形に張り回している。勢子船は鯨が来ると、鯨が縄網伝いに本網に向かうように追い立て、鯨が本網の中に入ると入口に口張網を張って退路を断った。鯨は大抵そのまま本網に突っ込んだといい、あとは従来通り銛と剣を用いて仕留めたという（『明治期山口県捕鯨史』）。水深が深いところにある長須鯨の網代は、岸から遠くなるため、本網と岸の間が大きく開く事になるが、そこからの鯨の逃走を防ぐとともに、槌音に反応しない長須鯨を本網に誘導する事が、縄網の用途だったと思われる。

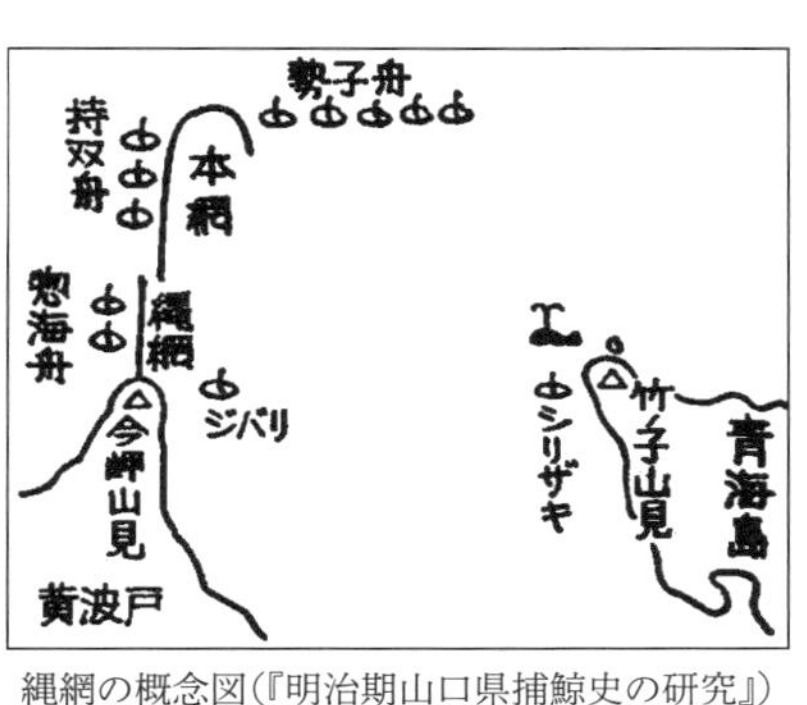

縄網の概念図（『明治期山口県捕鯨史の研究』）

こうした改良の有無にかかわらず、網掛突取法は、高知県、山口県、佐賀県、長崎県の多くの漁場で明治三〇年代まで操業が続けられている。

4　定置網法

水中に固定した網に対象を閉じ込めて捕獲する定置網は、戦国時代には富山湾から能登半島東岸にかけての地域でおこなわれていた事が確認されていて、江戸時代初頭以降、同地域では鮪や鰤を取る台網（だいあみ）と呼ばれる定置網の漁が盛んになる（「台網から大敷網へ」）。この台網に鯨が入り込むことも珍しい事ではなく、鯨に備える資材や捕獲法も準備されており、能登半島の宇出津（うしづ）（石川県能登町）では冬至から夏の土用の入り頃にかけて鯨が捕れた。『能登国採魚図絵』によると、台網にはハイノという岸と沖から長く延びた壁状の道網の途中に、ちり取りのような形をした奥行き一〇〇メートルほどの本網が設けられていて、岸沿いに回遊してきた鯨はハイノに沿って本網に誘導される。鯨が本網の中に入ると網を入口の方からたぐっていき、網奥に追い込んだ鯨の背中に打ち込んだ吊鉤（つりかぎ）と、網底に敷いた数本の搦い網を使って鯨体を確保すると、長包丁で突いてとどめを刺した。

西海漁場では一八世紀初頭以降、鮪を取る大敷網という定置網が盛んになるが、この網にもよく鯨が入った。大敷網は、ハの字形に張った袖網（道網）の中央（ハの間隔部分）に、ちり取りのような形の本網を付けたもので、袖網に当たった鮪群はそのまま本網に入り込む。それを網の近くに置かれた櫓（井楼）の見張りが確認すると、大勢の漁夫が船に乗って本網入口の口網を上げて閉じ込め、その後網をたぐって奥に集まった鮪を揚げた。

五島魚目浦（長崎県新上五島町）の柴田甚蔵は、文化九年（一八一二）鮪網をベースにして鯨専用の大敷網を興している。『漁業誌図解』によると、五島の鯨大敷網は鮪網より網を太く網目を広くして、竹を束ねた浮きも多くしており、本網の奥行きも二〇〇メートル以上という大規模なものだった。鯨が入ると網に常時待機している四艘の船が直ちに入口の網（口網）を上げて合図を送り、大船二艘が出て格子網を本網の奥側に敷き込んだ後、本網を入口の方からたぐって鯨を奥（格子網の上）に追い込んだ。そうして鯨の身動きが取れなくなったところで、羽指が鯨に乗って鼻と背鰭に包丁で穴をあけ、綱を通して船に繋ぎ、長須鯨なら包丁で背中を数カ所切り、座頭鯨や克鯨なら剣で脇腹を突いてとどめを刺した。

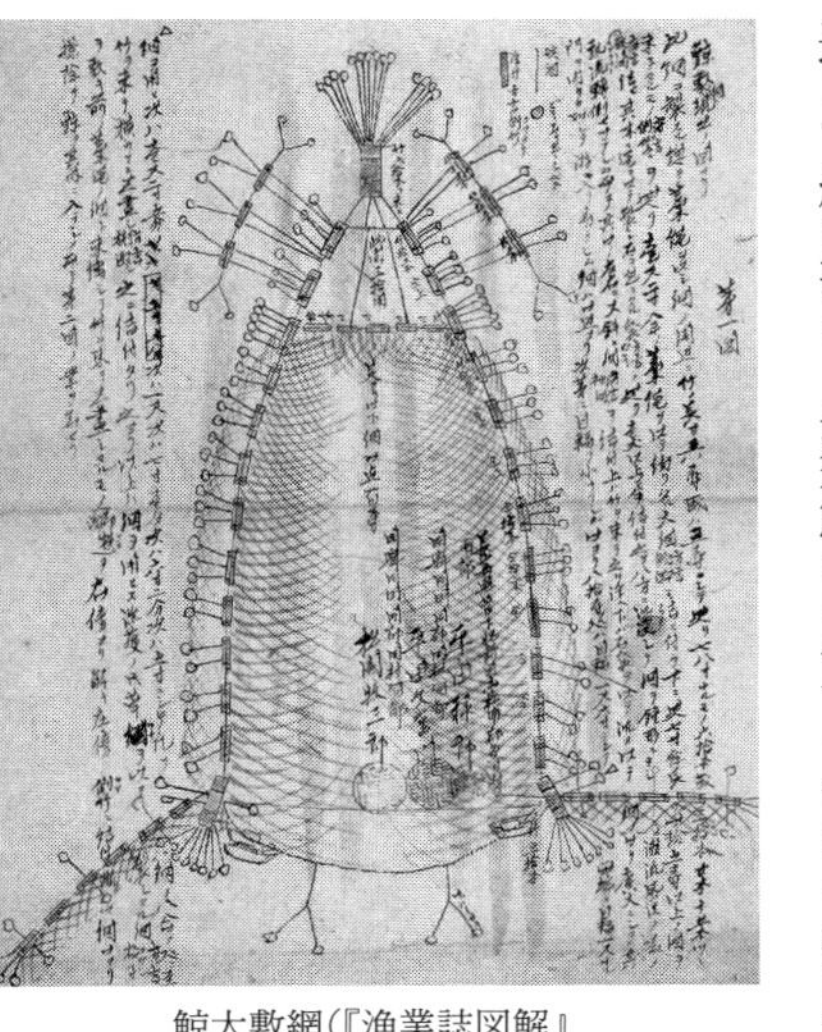

鯨大敷網（『漁業誌図解』長崎歴史文化博物館蔵）

この漁法は鹿児島にも伝播したようで、薩摩半島南西の片浦（南さつま市）の定置網でも、鯨が入るとコシアミ（格子網）という丈夫な網を鯨の下に敷き、ハナトオシドンという役の者が鼻切りと綱通しをおこなって鯨の動きを押さえてから、二艘のダンベ船の間に渡した孟宗竹に鯨をくくりつけて岸まで運んだという（「鯨をとる話」）。

鯨大敷網の利点は、網掛突取法に比べて人員、機材が少なくて済む事だった。欠点は入る鯨が比較的小さな事や、捕獲頭数が少ない事だったが、それでも鯨大敷網は江戸時代後期から明治時代にかけて、五島魚目浦、宇久島（佐世保市）、唐津湾の神集島（佐賀県唐津市）など西海各地で導入されており、『鯨の郷・土佐』によると、高知県の窪津でも網掛突取法の操業が終わった後、鯨大敷網が暫くおこなわれたという。

5　中浜万次郎による洋式突取法の導入

土佐の漁師・中浜万次郎は天保一二年（一八四一）、乗っていた漁船が嵐で漂流して小笠原諸島の鳥島にたどり着き、運良く通りかかったアメリカの捕鯨船ジョン・ハウランド号に救助されてアメリカに渡り、嘉永四年（一八五一）に琉球経由で帰国するまでアメリカで暮らしている。彼についてはジョン万次郎という名が有名だが、帰国後在米中に得た知識を活かして幕府の外交などに協力している。

一方で彼はアメリカの捕鯨母工船に乗り組んでいたため、アメリカ捕鯨業の内実にも詳しかった。文久元年（一八六一）四月に幕府に対しておこなった洋式突取法の導入についての建議では、日本在来の捕鯨は従業員が多い上、漁場は沿岸に限定されるため、利益に結びついていない問題点を指摘した上で、遠洋で少ない人数でおこなう欧米の捕鯨法を導入すれば、今は外国船に奪い取られている日本近海の捕鯨による莫大な富が国内にもたらされるだけでなく、欧米の航海術を学ぶ機会としても益するものが大きいと説いている。そして、ロシアのプチャーチン提督の送還時に建造された小型スクーナー（洋式縦帆船）を使って、小笠原諸島の近海で捕鯨を実施してはどうかと具体案を示している。

万次郎は、既に安政四年（一八五七）には欧米捕鯨船が多く入港する函館に出向いて捕鯨技術を学んでおり、安政六年（一八五九）には幕府から「鯨漁之御用」を命じられ、その年の三月スクーナー一隻に捕鯨用具を整えて品川を出帆していた。その時は荒天で後退を余儀なくされているが、遣米使節から帰還した後の文久三年（一八六三）一月、万次郎は越後蒲原郡の地主・平野廉蔵が出資した捕鯨船の船長として小笠原に出漁し、当地にいた外国人の捕鯨船員を雇って捕鯨をおこない、小笠原近海で二頭の鯨を捕獲している。しかし幕府が小笠原の経営を放棄したこともあって、母船を用いた洋式突取法は日本に定着することなく終わっている（『房南捕鯨』）。

6　銃殺捕鯨

銃殺法の導入

捕鯨に火薬の爆発力を活用する事は、日本でも江戸時代の終わり頃には考えられていた。例えば西洋流兵学の導入者として名高い高島秋帆は、銃を用いて鯨を殺傷する方法を提唱しているが、『鯨史稿（げいしこう）』の作者である大槻清準は、銃による捕鯨に懐疑的な意見を述べている。また『見聞略記』によると、筑前姫島（福岡県糸島市）では、安政五年（一八五八）正月に福岡藩御筒方によって抱え筒（大型火縄銃）を使った捕鯨が試みられているが、鯨に遭遇する事なく終わっている。

一方、欧米では、アメリカ人オリバー（ロバート）・アレンが一八四六年に、ボンブランス（炸裂弾）を柄の先に付けたものを鯨に投げつけて爆殺する方法を発明している。その後、柄の先端にボンブランスが入った短銃と銛を付け、それを鯨に投げつけるとボンブランスが接射されて爆発し、鯨を殺傷するダーティングガンが登場するが、この機材は日本ではポスカン銃と呼ばれた。一方で離れた所からボンブランスを発射する方法も考案され、発射火器には、小銃型の捕鯨銃（ショルダーガン）、バズーカ砲のように肩に背負う捕鯨箭、ボートの船首に据え付けた小砲などがあった。これらのボンブランスを用いる方法は、欧米においては、従来の母工船型や沿岸型の洋式突取法の効率を高めるために導入されたものだった。

ボンブランスは、幕末に日本近海で操業した欧米の捕鯨母工船によって日本近海で用いられており、日本人もそれを目にする機会があったと思われる。安政五年（一八五八）には安房の鯨組主・醍醐新兵衛が乗り組んだ箱館奉行所の箱館丸が、ボンブランスを用いた捕鯨で子鯨を捕獲したとされる（『北の捕鯨記』）。日本国内でボンブランスを用いた捕鯨が本格的におこなわれるのは、明治一五年（一八八二）に橘成彦の鯨猟会社による平戸瀬戸周辺海域などでの操業からである。その後、平戸瀬戸では植松組が銃殺捕鯨を継続し、また植松組が銃士や銃を派遣する形で西海各地でもおこなわれている。さらに関澤明清による房総沖や金華山沖（宮城県）の遠洋捕鯨や、紀州の捕鯨でもおこなわれている。

日本国内に入ったボンブランスの機材はポスカン銃と捕鯨銃の二種類で、これらの銃を用いてボン

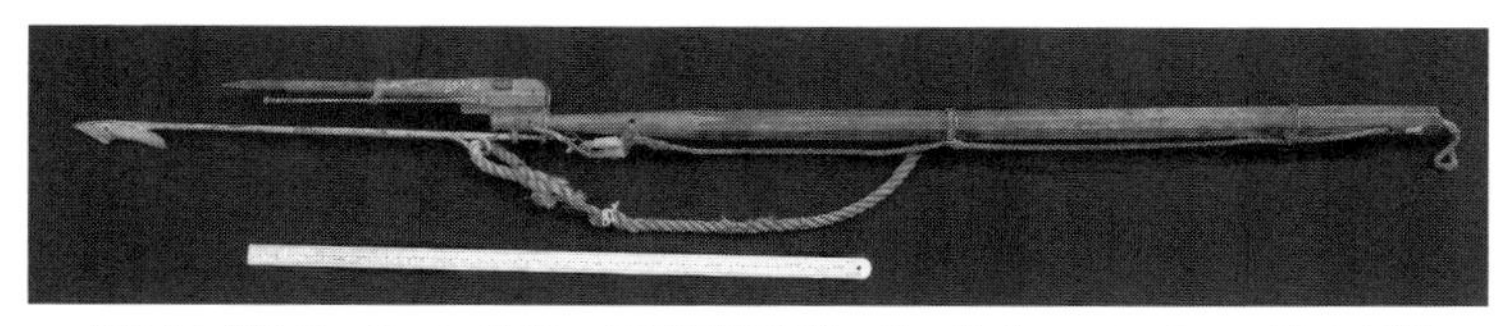

ポスカン銃（ダーティングガン、東京海洋大学マリンサイエンス・ミュージアム蔵）

ブランスを発射して鯨を捕獲する漁法が銃殺法と定義される。但しポスカン銃は人力で投射するため鯨の近くに寄る必要があり、運用が困難であることから、短期間で用いられなくなっている。

平戸瀬戸の植松組では銃殺法だけで操業したが、呼子では導入当初は網組の中に組み入れられ、従来の網掛突取法と組み合わせた形で銃殺法がおこなわれた。また房総では突取法と一緒に操業されている。このように銃殺法は在来漁法との組み合わせでもおこなわれたが、銃殺法のみの場合でも、山見や羽指の鼻切りや持双掛けなど従来の捕鯨法の要素が継承されていて、漁場も従来同様沿岸の海域が中心だった。そうした特徴から、欧米から最新のボンブランスや銃を導入しているものの、あくまで古式捕鯨業の枠内の漁法として位置づけられる。

銃殺法の利点は、従来の鯨組にかかっていた人員機材のコストを大幅に削減できることにあったが、実際には、当初は手漕ぎのボートを使ったため鯨を射程距離に捉えるのに苦労しており、揺れるボートの上で重い銃を構えて重い弾体を命中させるのにも熟練を要した。またボンブランス自体には鯨を繋ぎ留める機能はないので、命中後に綱をつけた銛を素早く打たないと、せっかく仕留めた鯨が沈んだり流されたりして回収不能になるなど欠点も多かった。そのため試験的に導入した所は多かったが、継続的な操業をおこなったのは平戸瀬戸や呼子、房総など一部に限られていた。

平戸瀬戸の銃殺捕鯨組の操業

平戸瀬戸の銃殺捕鯨で用いた捕鯨銃や火矢（ボンブランス）については、長崎県に提出された書類の図面を見る限りは、アメリカのピアス＆エッガースの捕鯨銃およびポスカン銃を用いた可能性がある。一方、現在平戸地方などに一〇挺程度残っている捕鯨銃は、全てアメリカのブランド式の口径二四ミリと二八ミリの捕鯨銃のタイプだが、その殆どは平戸の鉄砲鍛冶が作ったコピーである。

平戸瀬戸は、春の上り鯨の回遊路だったが、鯨は潮流に逆らって泳ぐ習性があるため、狭い海峡でゆっくりと泳ぐ鯨を待ち伏せして射撃した。銃殺法をおこなった植松組は、平戸瀬戸沿いの山見から鯨を探し、発見すると狼煙と筵旗で他の山見に合図して出漁した。漁にはボート二～三艘と、鯨を運ぶ和船二艘であたった。ボートには羽指、銛打ち、鉄砲さん（銃手）、舵取りなど七～八人が乗り組み、六丁のオールを漕いだり、縦帆で帆走して鯨を追跡した。その後昭和初期には、三トン程の小型動力船を用いるようになった。浮上した鯨を近くに捉えると急所を狙って捕鯨銃を撃ち、火矢が命中・炸裂して鯨が瀕死状態になると、急いで銛（洋式のトグル銛）を打って繋ぎ留めた。最後に羽指が泳いで鯨に乗り、鼻を包丁で切って穴をあけ、綱を通して、二艘の船の間に渡した持双柱に吊り下げて運んだ。

ブラント式捕鯨銃と火矢（島の館蔵）

植松組は、冬から春にかけて沖合と陸の解体要員など五〇名ほどでやっていたが、四～五頭の鯨を取れば、それなりに利益があったという（「平戸瀬戸の銃殺捕鯨」）。

7　砲殺捕鯨の定義と種類

砲殺捕鯨は、人間が手に持って操作する捕鯨銃と異なり、砲座で船に固定された捕鯨砲を用いて銛や炸裂弾を火薬の力で発射し、鯨を確保、殺傷する漁法を指す。砲殺捕鯨の代表的な漁法が第八章で紹介するノルウェー式砲殺法だが、欧米では同法以前から様々な捕鯨砲を用いた砲殺法がおこなわれていた。日本では、海外から導入された捕鯨砲や国内で発明された捕鯨砲が、古式捕鯨業時代後期から近代捕鯨業時代前期にかけて相次いで導入されたが、多くは試験的な導入に終わり、少数が小型沿岸捕鯨で局地的に用いられた。ノルウェー式砲殺法以外の砲殺法には、次のようなものがある。

①米国中砲式砲殺法

明治二四年（一八九一）の長崎県事務簿にある、壱岐勝本での操業を願い出た今西音四郎らの計画書のなかに、米国製捕鯨銃（砲）の仕様と図が掲載されている。これは嬢丸という八八トン、五馬力の船に搭載し、銃殺法と混成でおこなう計画だったようで、翌年には同じ壱岐の前目や五島宇久島でも同じ形態での操業許可が申請されている。そのあと明治三二年（一八九九）六月、呼子の小川島捕鯨株式会社の船団改編に際して、米国中砲を載せた動力船一隻が加えられている。これらの砲は米国式と記されていることからノルウェー式の捕鯨砲ではなく、例えば一八八二年頃にアメリカ・ニューベッドフォードで開発されたメイソン&カニンガム捕鯨砲のようなアメリカ製の砲だった可能性がある。

②関澤式砲殺法

『大日本水産会報告』一一七号には、関澤明清が数年来工夫してきた無炸裂銛を撃つタイプの捕鯨砲（関澤式中砲）の試験結果が報告されている。明治二四年（一八九一）七月に伊豆大島沖でおこなわれた試験は銃殺法や突取法と併用する形だったが、当初は櫓漕ぎ船の船首に据え付けた砲の砲座が低く、銛が鯨の上を飛び越えるなどして思うような結果は出なかった。そのあと福岡県の扶桑海産会社が明治二六年（一八九三）に朝鮮で捕鯨をおこなった際、関澤からボンブランスの道具とともにこの中砲を借用している。また関澤が明治二七年（一八九四）に金華山沖で実施した帆船・長寿丸を用いた捕鯨でも中砲が用いられたとされ（『房南捕鯨』）、さらに明治二九年（一八九六）に関澤が新造した豊津丸にも備品として中砲が搭載されたとあるが、これらの中砲も関澤式中砲と思われる。関澤は砲手が慣れれば実用に適したものになると見込んでいたが、その後この砲がどうなったかはわからない。

③グリーナー式砲殺法

グリーナー砲は、一八三七年にイギリスのグリーナーが製作した、無炸裂銛を撃ち出すタイプの捕鯨砲である。『千葉県水産会報』三〇号では、明治四〇年（一九〇七）ノルウェーで槌（つち）鯨を捕獲するのに中砲を用いているという報に接し、東海漁業株式会社は中砲六門その他一切の属具を輸入したとされている。昭和五六年（一九八一）の朝日新聞千葉版に掲載された「房総の捕鯨」によると、明治四〇年（一九〇七）に一四〇トンの汽船・天富丸とともに、三七ミリの捕鯨銃（砲）を六門購入し、翌年からの捕鯨で成果を上げたとあるが、この銃（砲）がグリーナー砲だとしている。その後、東海漁業がおこなった槌鯨を対象とした沿岸小型砲殺捕鯨でも用いられている。当初はテント船という櫓漕ぎ船に搭載して使用したが、その後動力船が導入され、ノルウェー式小型捕鯨砲も併用しながら昭和三〇年（一九五五）頃まで使用されている。

④前田式砲殺法

明治三七年（一九〇四）に和歌山県太地（たいじ）浦の前田兼蔵は、ゴンドウ鯨を捕獲するため、三連、五連など複数の無炸裂銛を発射する多連装捕鯨砲を発明した。前田式巨頭鯨猟銃と呼ばれているが、砲座に固定されているので捕鯨砲として扱う。前田式多連装捕鯨砲は和歌山県のほか、三陸地方、千葉県外房地方、佐賀県呼子などでも使われたことが確認されている。

第六章　古式捕鯨業時代の鯨の利用

1　漁場周辺の流通とカンダラ

鯨製品の流通は、初期捕鯨時代には概ね漁場周辺に限られていたと思われるが、中世後期には遠隔地への流通も始まっていたようだ。古式捕鯨業時代に入ると、鯨肉は浜売りという現地販売の他に、従業員の賃金や報償としても支給されていた。『土佐津呂組捕鯨聞書』によると、土佐室戸の津呂組では鯨を捕獲した場合、羽指その他の従事者が貰える私得部位が詳細に決められていて、給与の一部のようになっていた。昭和初期の呼子の小川島捕鯨株式会社でも、轆轤を回す人達の報酬、山見の発見報償、果ては解体場の借地代まで鯨肉で支払っていた。また江戸時代の小川島組では、大漁祈願の供物や、藩の役人達への付け届けにも鯨肉が用いられた。私得や後述するカンダラ行為で得た鯨肉は、

カンダラの風景(「肥前国産物図考」佐賀県立博物館蔵)

自家消費以外に、近所や親戚に配ったり行商で周辺地域に売られたりした。

捕鯨をめぐる風習として興味深いのが、捕獲された鯨の肉をくすねるカンダラと呼ばれる行為である。『小児乃弄鯨一件の巻』(『肥前国産物図考』)には、納屋場の場面で、鯨肉を入れたテボを下げて逃げる人々を番人が棒を持って追いかけている風景が描かれている。『小川島鯨鯢合戦』には、「このとき嶋の大人を始め、子供迄、研立の包丁を以て、彼皮肉を切盗をかんだらと名付て、むかしよりのならはし也。中にも十二、三の児供等、数十人群り来て、荷い行皮肉を手ばやく切取て逃走るを、目代の諸士・破竹をもってたたき追ふといへ共、其早きこと稲妻のごとく、かくすること数十度也」(傍点筆者)と、鬼ごっこさながらに子供が襲撃を掛けている様子が記されている。

カンダラの語源については、壱岐の民俗学者・山口麻太郎氏がカンは烏、ダラはダロウ(太郎)とも読み換えられる「ののしり」の接尾語で、元来烏を指す言葉だという意見を出している(「カンダラ異考」)。それに対し倉田一郎氏は、壱岐の独り占めを示す言葉「ヒトリダロ」から、カンは神であり、ダラはダロの訛った言い方でもともと占めるという意味で、カンダラとは本来神に供えられた漁獲を指すという意見を出している（「「かんだら」語異攷」）。一方で『鯨魚覧笑録（げいぎょらんしょうろく）』の諸本の中には、カンダラ行為を「ガンドウ」という名称で紹介しているものがあるが、『綜合日本民俗語彙』によると、ガンドウは盗人・強盗のことを指す言葉である。現在の生月島（いきつきじま）でもカンダラは漁場における漁獲物をくすねる行為を、ガンドウは強欲な性格を指す方言であるが、両者を併せて考えると強盗達（ガンドウラ）というのがカンダラの語源になっているように思える。

また倉田氏は、カンダラ行為の意味についても言及している。カンダラと同じ様に浜で漁獲をくすねる習俗は全国で見られるが、それらの行為は、漁が地域の共同漁業の形態から、網主が経営して地元漁民が隷属使役される形態に移行したところで発生したとしている。つまり共同漁業では平等に分配されていた漁獲が、網主のみに属する形に代わったものの、以前の意識が残っていて漁獲から寸借するのを罪と思わず、網主もそれを厳しく言わない気風があったというのである（「かんだら攷」）。この倉田氏の意見に加えて、鯨組（くじらぐみ）の場合、他所の漁場に出漁して操業する事がよくおこなわれているが、地元民からは自分の地先でよそ者が儲けていると思われがちなため、操業を円滑におこなうためには、出漁先の住民に対してある程度寛容にあたる必要があった。カンダラ行為などに厳しかった益冨（ますとみ）組などは、出漁先の漁民達から「がんどう組」（強盗組）と悪口を言われているが、他方このような姿勢が堅実な経営につながったところもあった。

カンダラは昭和時代の呼子のノルウェー式砲殺捕鯨でもおこなわれていたが、その頃には捕鯨会社の役員から叩かれ追い立てられていたという。近代になって捕鯨から地域色が抜け、企業の事業としての性格が強まるなかで、カンダラ習俗も犯罪として排除されていったのである。

2　遠隔地への流通

初期捕鯨時代の室町から戦国時代には、鯨が取れる伊勢湾から京都方面への、遠距離の流通経路が存在したと思われるが、紀州や土佐に捕鯨漁場が開かれると、そこからも畿内に鯨肉などが供給されるようになった。さらに江戸時代初期に西海（さいかい）漁場が開かれると、そこから鯨油が遠隔地に供給されるようになる。例えば平戸（ひらど）オランダ商館の日記には、寛永九年（一六三二）に江戸に抑留されていたウィルレム・ヤンセン達が資金に困った時、折りよく平戸の突組主・平野屋作兵衛の使用人が鯨油を積んだ船で到着したので、鯨油の売却資金の一部を借用したことが記されている。この記事によって当時、平戸の突組が生産した鯨油が、はるか江戸まで流通していた事が分かる。

古式捕鯨業時代に流通した鯨製品には、食用の塩蔵（えんぞう）鯨肉もあるが、特に灯油としての鯨油が大きな割合を占めており、また細工物に使われる鯨髭や筋などの需要もあった。寛政四年（一七九二）の『料理食道記』には、鯨肉の産地として、伊勢鯨、紀伊鯨、松前（北海道）焼鯨、ひせん（肥前）鯨、出雲かふらほね（蕪骨）などが紹介されている。このうち松前焼鯨とは、アイヌから入手した鯨肉を指すと思われる。また文政九年（一八二六）の『除蝗録』によると、鯨油は五島、平戸、熊野のほか、伊予から産するものが正真だとしている。伊予産の鯨油とは土佐漁場のものかもしれない。

ここで西海漁場から上方方面への鯨商いについて、益冨組の『算用帳』にある、益冨組の手船（運搬船）住吉丸の例を見てみたい。文化一一年（一八一四）二月下旬に鯨商品を満載して壱岐・勝本(かつもと)浦を出帆した住吉丸は、関門海峡を抜けて瀬戸内海に入り、鞆(とも)（広島県福山市）で取引問屋である大坂屋から銀五貫を受け取る。さらに室（兵庫県御津町）の一ツ屋門四郎に鯨の煎粕二三〇俵を販売して、銀二貫三四七匁あまりを受け取っている。ついで兵庫（神戸市）に入港し、住屋吉右衛門から煎粕一〇五俵を販売した代銀一貫目あまりを受け取っている。大坂入港後、天満屋一郎左衛門に鯨髭、背筋、筋を販売して代銀一二貫二九九匁を受け取り、また前細工（操業準備）に必要な商品購入で不足が出た分を船頭が出し替えている。そのあと住吉丸は復路西航し、生月島に帰港したのは四月二五日の事だった。この商いの全権は船頭の長兵衛に委任されていたが、それとともに、諸方で前細工にかかる物品の仕入れや、平戸藩の大坂蔵屋敷に先納銀と呼ばれる税金を納める役目も担っていた。鯨製品を販売する問屋は、同時に前細工品の購入先も兼ねる益冨組の代理店ともいえる存在で、鯨組と問屋間の取引は手形で決済がなされていたが、鯨組と問屋の関係は対等であったようだ（『西海捕鯨の史的研究』）。

一八世紀以降、農薬としての鯨油の使用が始まると、九州各地に鯨油が流通するようになるが、一八世紀後期には福岡藩や肥後藩では、備油と呼ばれる鯨油の備蓄がおこなわれるようになり、大量の鯨油が取引きされるようになった。それらの鯨油は領内各所の港に運ばれて荷揚げされ、さらに河川舟運や陸上輸送で内陸に運ばれた。福岡藩や肥後藩に鯨油の納入をおこなった益冨組の場合、浜売りを除く取引に対する両藩相手の取引比率は、文政三年（一八二〇）の二五％から、天保元年（一八三〇）

には七七%まで増大している(『西海捕鯨の史的研究』)。

西海漁場に近接する北部九州では、江戸時代には舟運に適した彼杵(そのぎ)(長崎県東彼杵町)、伊万里(佐賀県伊万里市)、芦屋(福岡県芦屋町)などに鯨肉の集散地ができ、明治二〇年代まで盛んに取引きされている(「我国に於ける鯨體の利用」)。また北陸沿岸でも、江戸時代には西海漁場や、伊根(いね)浦(京都府伊根町)の断切(たちきり)網、能登・富山湾(石川県・富山県)の定置網などから供給されたと思われる鯨肉が、北前船などによってもたらされ、そこから内陸の飛騨や信濃北部にも、中馬(ちゅうま)やボッカと呼ばれる馬や人力による運搬によって流入したと考えられる(「近畿・中部地方に於ける鯨肉利用調査の報告概要」)。

3　鯨の利用

鯨は今日、余すところがないほど完全に利用されているが、こうした完全利用の形態は、古式捕鯨業が発展するなかで確立していったと思われる。鯨の利用は大まかに、鯨肉、鯨油、その他(鬚、筋など)に分けられる。

鯨肉

畿内では中世後期、高級食材として鯨肉を食べる習慣があったことについては第二章でも触れたが、江戸時代に入ると鯨肉の需要も増えていく。例えば寛永二〇年（一六四三）刊の『料理物語』など多くの料理書には鯨料理に関する記述があり、汁、煮物、和え物、焼き物、刺身、蒸し物、揚げ物、飯、麺など多様な料理に用いられている。また天和二年（一六八二）に来日した朝鮮通信使の献立の中には、大蒜（おおひる）や葱を臭み抜きに添え、酢味噌で食べる鯨の白身などの記述がある。ここでは鯨は上の魚として用いられているが、身分の低い下官の食事にも、鯨肉と野菜の煮込みが出されている。

料理に使われる鯨肉の主要な部位には赤身と皮身（皮と皮下脂肪）があるが、江戸時代には脂っこい皮身のほうが人気があった。昭和一六年（一九四一）当時の近畿・中部地方では、各地に皮身を雑煮に入れる習俗が継承されているが、特に北陸では、夏の土用に鯨の皮身を食べて暑気払いをする習俗があったという（「近畿・中部地方に於ける鯨肉利用調査の報告概要」）。また九州地方の農家では明治四〇年（一九〇七）頃まで、漁期である冬期に一樽ほどの皮身を買い入れ、自家で塩蔵して夏の土用の料理などに出していたが、その頃から通年でノルウェー式砲殺捕鯨がおこなわれるようになったため、こうした自家塩蔵は減少したという。一方、赤身の需要期は九月中旬から五月下旬の間で漁期と一致し、特に冬期は価格が高騰したという。

明治四〇年当時、赤身は生肉としての需要が専らだったが、生赤身は名古屋以東では殆ど食べられなかったとされる。また夏場の赤身は漁場周辺以外では缶詰か肥料にしたが、塩蔵赤身は著しく風味を損なうため、わずかに肥前や紀伊の農民が食べる程度だとされている（「我国に於ける鯨體の利用」）。昭和初期以前のこうした状況は、古式捕鯨業時代の鯨食のあり方をかなり反映したものだと推測される。しかし関東以東では、房総半島の槌（つち）鯨の漁場の周辺で干肉（タレ肉）として食べる事や、砲殺捕鯨の拠点だった宮城県の牡鹿半島周辺などを例外として、戦後の食料不足の時期を除けば、それほど鯨肉の嗜好はなかったようである。

　また尾鰭の肉（オバイケ）や舌粕も、あっさりしていて人気があった。内臓の各部位も、茹で百尋（腸）マメワタ（腎臓）として食べられた。頭骨を割った際に出る髄は蕪骨と呼ばれ、粕漬（松浦漬）や味噌漬にした。

　天保三年（一八三二）に益冨家が制作した、日本で最初の鯨専門の料理書である『鯨肉調味方』には、七〇ほどの鯨の部位毎に複数の調理法が紹介されているが、それらは捕鯨漁場だった生月島で作られていた鯨料理である。そのため新鮮な食材が確保できないと難しい生肉や内臓を使った料理なども紹介されていて、素材の確保が容易な捕鯨漁場周辺では、完全利用に近い鯨食文化が存在した事が分かる。なお同書は「鋤焼」という名称の初見として知られているが、そこに記された鋤焼の料理法は、鯨肉に酒で溶いた味噌や生醤油を塗って鋤の上で焼くという焼肉に近いものであるのに対し、現在の鋤焼に近い料理は、同書で「煎焼」と紹介されている料理で、今日も呼子や生月島でイリヤキ（煎焼）という名で親しまれている料理と同じである。イリヤキは、鍋で鯨などの肉を炒め、野菜を入れて煮込み醤油や砂糖で味を整えたもので、もし牛肉を使えば関西風の鋤焼そのものだが、鯨でも味はそれ程変わらず美味しい。この『鯨肉調味方』の刊行目的が、鯨肉の消費拡大を狙ったものだとすると、これを制作した益冨家は素晴らしい経営感覚を持っていたことがうかがい知れる。

鯨油

鯨の皮身などの部位から鯨油を精製して使う事が、中世からおこなわれていた事については、既に第二章で紹介している。当時も鯨油が灯火用の油（灯油）として利用された可能性があるが、はっきりとは分らない。江戸時代以降の古式捕鯨業の振興は、まずは鯨油需要との関連で捉える必要がある。中世には灯油に荏胡麻（えごま）から取った油を使っていたが、高価なため、寺社や貴族・武家の館などで使われるに過ぎなかった。しかし江戸時代初期に鯨油が多く流通するようになると、安価な灯油として使う人々が増えたと思われる。元禄五年（一六九二）に記された『本朝食鑑』には、鯨油は他の魚油に比べると色も清く、臭いも少なく、煙もまた稀なため、民間では好んで灯油として用いられる。そのため麻油を売る商人には鯨油を混ぜて売る者があるが、麻油に比べるとなお臭気があって、麻油の香りの良いのとはとうてい比較にならない。それで武士以上の家には用いられず、農家や商家でも富裕な家では鯨油を用いない、としている。このことから、一七世紀の終わり頃になると、一般家庭に鯨油が灯油として普及していた事が分かるが、麻油や菜種油の生産が増大すると、鯨油の灯油としての需要は相対的に低下していったと思われる。

他方、一八世紀になると、鯨油の農薬としての効果（鯨油除蝗法）が知られるようになる。南方で発生したウンカ類は、初夏、南風に乗って飛来し国内で繁殖を繰り返すが、時に大発生して稲に甚大な被害をもたらす事があった。特に享保一七年（一七三二）には、ウンカ類の大発生による稲の枯死が原因で、西日本で深刻な飢饉（享保の飢饉）が起きている。水田に油を撒いて水面に油膜をつくると、落ちたウンカの気門が塞がれて窒息死する現象を利用した鯨油除蝗法が確認されたのもこの頃とされ、筑前国志摩郡元岡村（福岡市）の庄屋・浜地利兵衛が残した「享保十七年壬子大変記」には、享保一七年の六月中旬から「子ぬか虫」という害虫が発生し、海辺の村では半分以上の稲が腐ってしまい、その被害が段々内陸まで浸透してきた。それで鯨油を撒いて虫を掃き落とすと効果があったとされ、大村藩の『見聞集』にも、享保一七年に実盛（ウンカ）の害が起こった時、藩主の隠居が土蔵から鯨油を出して田に撒くと、虫の過半は退いたという記述がある。

田に鯨油をまく（『除蝗録』島の館蔵）

　このように鯨油除蝗法は享保の飢饉の際に始まった可能性もあるが、福岡藩の「害虫駆除発見者調」には、遠賀郡立屋敷村（福岡県水巻町）の農民・蔵富吉右衛門が寛文一〇年（一六七〇）七月に、自分の持つ田に鯨油を撒いたところ除蝗の効果があり、その後享保の飢饉の際に、保食神社の神官・松本掃部が吉右衛門の方法を、郡代・白水与右衛門に勧めたのが契機となり、筑前国内に鯨油除蝗法が広まったとしている。しかし『宋史』によると、中国大陸では植物油を用いた除虫が南宋時代にはおこなわれている事から、油を用いた除蝗法の知識を中国の農書などを通して知り、様々な油の性質を検討した上で、鯨油を選択した可能性が考えられる（『サネモリ起源考』）。

　「免用其外覚書」によると、福岡藩では害虫の発生・拡大が確認された天明六年（一七八六）に、まず領内に必要な鯨油の所要量を算定している。領内の田圃三万三五二三町に対し、一反につき三合宛で積算した鯨油の所要量を四斗樽で二五一四挺と算出した。そのため二八〇挺を市中の商人から購入し、さらに一五〇〇挺分を肥前呼子から取り寄せ、郡村に貸し与えている。鯨油の代金は秋の収穫期に農民が返済した(「筑前における注油法と底本および著者について」)。

鯨油の農薬としての効能は、豊後の農学者・大蔵永常が文政九年(一八二六)に刊行した『除蝗録』によって広く知られるようになる。そのころ鯨油除蝗法は九州と出羽秋田でおこなわれていたが、永常は、北国や東海では虫の害を被りつつあるのに、農民が鯨油除蝗法の知識を持たない実状を知って驚く。『除蝗録』序文に「因って今この篇を作って此を東北に広布し、天下に遂に蝗患無からしめんと欲す」とあるように、この本で東日本に鯨油除蝗法を普及させることを図ったのである。この影響からか、天保一一年(一八四〇)には加賀大聖寺藩から四人の農民が鯨油除蝗法の視察のため九州を訪れ、「九州表虫防方等聞合記」という研修報告を残している。前年には虫害がもとで東北、北陸で飢饉が起こっているだけに、研修は切実なものだったに違いない。

この鯨油除蝗法は、明治以降はだんだん用いられなくなり、廃油の使用や農薬にとって代わられたが、ノルウェー式砲殺法の基地だった呼子の周辺では、昭和初期までは、解体所から皮身を買って自前で作った鯨油を稲の駆除に用いたり、壁土に鯨油を混ぜて水を弾くようにする工夫がおこなわれていたという。

その他

鯨髭は、弾力がある特性を利用して、欧米ではコルセットやステッキに使われたが、日本では物差し、提灯の取っ手、扇子の要、肩衣の形持ちなどのほか、からくり人形や文楽人形のバネにも使われた。また強靭な尾の筋は、江戸時代には食材や、綿打ち弓の弦などに使われたが、近代にはテニスラケットのガットにも使われた。また骨から油を煮出した後の粕も、煙草（たばこ）や麦などの作物の肥料として販売されている。

第七章　捕鯨にまつわる文化

広義に文化を捉えれば、既に取り上げてきたような捕鯨法や組織のあり方、鯨肉や鯨油の用途なども含み得るが、ここでは、捕鯨が精神面に影響を及ぼした結果生み出される事象に限った、狭義の文化に関する事象について取り上げる。

1　捕鯨図説の世界

ホエーリングウォッチングと捕鯨図説

今日ではエコツーリズムの一環として、自然状態の鯨の生態を観察するホエールウォッチングが盛んで、日本国内でも北海道の知床（しれとこ）・室蘭（むろらん）、千葉県銚子、東京都小笠原、和歌山県那智勝浦（なちかつうら）、高知県室戸（むろと）・西部、鹿児島県奄美大島、沖縄県などでおこなわれている。見学者は業者の船に乗り込んで観察海域に向かい、巨大な鯨の姿を見て驚嘆し感動する。しかしこのような鯨の見物は、既に江戸時代におこなわれていた。但し当時の見物者の関心は鯨そのものというより、人と鯨の闘争（捕鯨）を見る事（ホエーリングウォッチング）にあった。

江戸時代には多くの人が捕鯨を見物し、特に感銘を受けた人は、詩や観戦記などの文章、絵画などで表現している。そのなかには捕鯨図説という捕鯨の内容を図と文章で表わした作品を残した者もいた。安永二年（一七七三）に捕鯨図説『小児乃弄鯨一件の巻』を制作した木崎攸々軒は、序文でこのように語っている。「この本が、あの漁（捕鯨）に関する全てを果たして漏らすことなく描き表せただろうか？　あの時、私の住まいである雨月庵を出て、小船で海を渡って、小川島でおこなわれた事の記録を試みたのだが、それは見るもの聞くもの全てが想像を絶するものだった（後略）」（筆者訳）。

捕鯨図説には、特定の漁場の捕鯨について紹介したものもあるが、なかには紀行文や漁業誌のような書籍の中で捕鯨について紹介したものや、様々な地域や時代の捕鯨を網羅的に紹介した研究書・概説書のようなものもある。また体裁には巻物、綴本、折本などがあり、手書き彩色のものが多いが、木版で印刷されたものもある。印刷された捕鯨図説には当然多くの部数が存在するが、手書きのものにも多くの写本があり、なかには印刷された図説を模写したものもある。

特定の漁場の捕鯨について紹介した捕鯨図説は、紹介した漁場による分類が可能である。それによると西海漁場系、紀伊半島周辺漁場系などの大きなカテゴリーが設定できるが、さらにその中の中小漁場の枠での設定（小川島系、生月島系など）も可能である。

紀伊半島周辺漁場系のうち、熊野漁場に関するものは、『熊野太地浦捕鯨史』の別冊として掲載されているものだけでも、『鯨類絵巻』や『太地浦捕鯨絵巻』、『古座浦捕鯨絵巻』などがある。なお大阪市歴史博物館が所蔵する『捕鯨図屛風』（寛永元年・一六二四頃）や和歌山県立博物館が所蔵する『紀州熊野浦捕鯨図屛風』は、捕鯨図説の体裁ではないが、屛風の各所に捕獲や解体などの各場面を紹介しており、内容的には捕鯨図説に匹敵するものである。また志摩漁場（三重県）についても『三重県水産図解』の捕鯨の項（明治一六年・一八八三）があり、伊勢湾漁場（愛知県）についても師崎（もろざき）の捕鯨を紹介した『張州雑志』（安永年間以降）がある。

土佐漁場系については、『土佐捕鯨図絵』や明治時代に制作された『捕鯨図』などがある（『鯨の郷・土佐』）。

また定置網（台網（だいあみ））による兼業的捕鯨がおこなわれた富山湾周辺漁場（富山県・石川県）でも、『能州鯨捕り絵巻』（文化九年・一八一二）や『能州宇出津（うしづ）鯨猟図絵』（文化九年）、『能登国採魚図絵』の捕鯨の項（天保九年・一八三八）などが存在する（『日本農書全集』）。

西海漁場系捕鯨図説の系譜

ここでは最も多くの捕鯨図説が制作された西海漁場系の捕鯨図説を、時代を追って紹介する。

①『西海鯨鯢記（げいげいき）』

享保五年（一七二〇）平戸（ひらど）の谷村友三が制作した墨手書き綴本形式の図説である。この本の構成は、捕鯨史、鯨種、捕鯨道具、鯨利用法、西海漁場の紹介、捕鯨過程の紹介（文章のみ）などからなる。文章の説明が主体で、内容が雑然と並んでいるような部分もあるが、捕鯨図説の嚆矢としての価値と同時に、漁法が突取法から網掛突取法に移行して四〇年ほど経つ頃に制作されているため、両漁法の違いの解説を含んだ総合的な捕鯨概説書の嚆矢としても貴重である。なお本書は、明和元年（一七六四）制作とされる『鯨記』のテキストになったと考えられている。

②『小児乃弄鯨一件の巻』（『肥前国（州）産物図考』）

唐津藩士の木崎攸軒盛標が安永二年（一七七三）に呼子小川島の網掛突取捕鯨の様子を記したもの（小川島系図説）で、藩内の諸産業を紹介した『肥前国産物図考』の一巻として収録されている。しかし作者は最初に捕鯨図説の制作を思い立ち、完成後他の巻の制作に取り組んだものと思われる。図の構成は、漁場地図、山見、捕獲道具、捕獲場面、解体場面、鯨種、鯨の身体部位、鯨生殖器、解体道具、羽指踊りからなるが、操業順序に沿って図と解説文が展開する西海漁場系捕鯨図説の基本構成を作った点に、本図説の真価がある。

数多い模写本の中には『肥前国産物図考』全巻を制作したものと、捕鯨の巻だけを制作したものがある。また少なくとも絵の違いがある二系統の存在が確認できる。

③『鯨魚覧笑録』（『小川島捕鯨絵巻』）

呼子の鯨組主・生島仁左衛門が寛政八年（一七九六）に制作した小川島系図説だが、先行する『小児乃弄鯨一件の巻』の基本構成を踏襲しつつ発展させている。例えば漁場地図や納屋場図は小川島とと

『鯨魚覧笑録（複製）』（島の館蔵）

もに、生島組が出漁した漁場である福江島柏、黄島を加え、捕獲場面も、追い込み及び網張、銛打ち、剣打ちと鼻切り、持双掛けの四場面に細分されている。さらに解体場面とともに、納屋内の加工の場面や前作事の場面などを加え、巻末には鯨組の掟まで紹介する念の入れようである。

この図説にも模写本が存在するが、例えば五島中通島・青方（新上五島町）の田宮運善が天保二年（一八三一）に制作した『五島に於ける鯨捕沿革図説』には、この図説の内容がそのまま転載された上、有川浦の漁場と納屋場の図などが加えられている。

④『鯨漁之図』

小川島系図説に属する本図説は、ドイツ・ミュンヘンにあるシーボルト・コレクションに所収されている事から、シーボルトが日本滞在時に収集したものと思われる。構成は、追い込み及び網張、銛打ち、剣打ちと鼻切り、持双掛けの四場面からなる捕獲図と、納屋場での解体図、鯨種（二種）の紹介などからなるが、更にいくつかの図が存在したと思われる。

『鯨魚覧笑録』と同様、西海漁場系図説の基本を踏襲しているが、捕獲図の中で各船の羽指名を記したり、納屋場の各建物の寸法を記すなどの詳細な記載と精密な描写は他に例がない。羽指名などから一九世紀前期に制作されたと推定される。

⑤『西遊旅譚（さいゆうりょたん）』

生月島系の最初の図説として、寛政六年（一七九四）に刊行された司馬江漢の旅行記『西遊旅譚』の中の生月島のくだりがある。この木版印刷本は、江漢が天明八年（一七八八）から翌寛政元年（一七八九）にかけておこなった江戸から長崎への往復を旅行記にしたものだが、江漢という優れた観察・表現者によって捕鯨の各場面が紹介されている点で、他の捕鯨図説より優れた部分も多くある。それは生月島の俯瞰図や、鳥瞰的視点で描かれた漁場図、臨場感溢れる捕獲や解体の図などだか、圧巻は遠近法によって奥行きが表現された肉（大）納屋内部の図である。

なお江漢は、享和三年（一八〇三）にほぼ同様の内容の『画図西遊譚』を出し、さらに文化一二年（一八一五）には旅行絵日記の体裁の『西遊日記』を刊行している。

⑥『鯨史稿（げいしこう）』

江戸の医師・大槻玄沢は、享和元年（一八〇一）に、捕鯨に関する平戸藩の侍医・藩士からの伝聞と、オランダの所説を合わせて『鯨漁叢話』を著している。彼は子の盤里と一族の清準が九州旅行をする際に、平戸に赴き捕鯨を見ることを勧めている。清準はその時の様子を『鯨海游誌』に記しているが、

遠近法で描かれた大納屋内部（『画図西遊譚』島の館蔵）

文化五年（一八〇八）には六巻からなる『鯨史稿』を制作する。この本は総合的な捕鯨研究書の体裁の書物だが、先に紹介した『小児乃弄鯨一件の巻』など、西海漁場系図説から多くの図が引用されている。なお文政一三年（一八三〇）に制作された生月島系の捕鯨図説『得庵本』（松浦史料博物館蔵）には、『鯨史稿』と共通する図がいくつかある。

⑦『勇魚取絵詞（いさなとりえことば）』

生月島の鯨組主・益冨（ますとみ）又左衛門が主体となって制作した、西海漁場系図説の集大成ともいえる生月島系図説の傑作である。制作は天保三年（一八三二）で、折本形式の本図説は木版単色の印刷物のため複数が存在する。平戸の松浦史料博物館には版木が存在しており、その制作に用いた手書原本の存在も想定されるが、今のところ確認されていない。しかしデッサンと思われる図群は、オランダ・ライデンにあるシーボルト・コレクション中の『張公捕魚』と呼ばれる彩色手書折本の捕鯨図説の中に確認できる。なお印刷本をテキストにした手書彩色の模写本も複数制作されている。

本図説の上巻は、操業順序を紹介する西海漁場系図説の基本構成に則り、漁場および施設の紹介から始まり、準備と出漁、捕獲場面、解体・加工場面、羽指踊りまでを、二〇の図と詳細な解説文で紹介している。下巻は、鯨種、鯨の身体部位、道具などを図と文を一緒にして紹介しており、最後に跋文を付けている。このように先行する図説の構成を踏襲しつつも、より内容を深めており、特に遠近法を多用したリアルな構図には、前述した司馬江漢の図説の影響が認められる。

⑧『小川島鯨鯢合戦（おがわじまげいげいがっせん）』

本図説は西海漁場系図説の系統の最後を飾るもので、天保一一年（一八四〇）豊秋亭里遊によって制作された和綴本の小川島系図説である。小川島の中尾組の操業をテンポのある戦いの実況調文章で紹介し、図を補足的に使っている。操業順序で展開する構成は西海漁場系図説の基本に忠実だが、図自体は先行する『鯨魚覧笑録』や『勇魚取絵詞』に比べて稚拙な印象が拭えない。しかし情報的には独自の内容を含んでいる。構成や掲載された図の違いから二系統があるものと思われる。

構成は、中尾組の紹介から始まり、準備、出漁、捕獲過程、解体過程、戦勝祝（波座士踊り）とカンダラ、加工過程、捕鯨の時期と陣払い、漢詩、捕鯨の是非と鯨供養などからなるが、特に前作事場の詳細な施設図、組主邸宅全図、鯨供養の図などは他の図説には無い要素である。

2　捕鯨をめぐる信仰

鯨とエビス

鯨をエビス神とみなす地方がある。『鯨魚覧笑録』によると、北前（きたまえ）（北海道）では鯨を蛭子（えびす）とみなしているが、その理由は鯨が入り込んでくる時、鱈（たら）や鰊（にしん）などの魚群を従えてくるからで、故に地元（この場合は和人）の漁民は鯨を取らないのだと記されている。土佐では、鯨が鰹の群れを従えて泳いでいる事があり、それを「鯨付き」と呼んで鰹漁師にとっては良い対象とされている（『鯨の郷・土佐』）。神奈川県三崎地方では流鯨（ながれ）は祟るといい、伊豆では寛政六年（一七九四）の捕鯨反対請願の理由として、鯨は魚群を湾内に追い入れてくれ、寄鯨（より）を拾うと不漁になるという俗信があるという（『日本漁民史』）。このように鯨に付く魚を取る漁師は、鯨を尊いものと見做してエビスと呼ぶ事もあり、例え死体であっても取ることをためらったようだが、鯨を取る事を目的とする鯨組の関係者は、鯨と共に飛来するアホウドリ（ライ鳥）を鯨の予兆としてエビスと呼んだ例はあるが、鯨自体をエビスと見なす意識はなかった。

生月島では、昔は鯨に乗った恵比須様の石像が鯨組の納屋場に祀られていて、捕獲した母鯨の胎内から出た子鯨を石像の下に埋めたといい（「えびす神異考」）、鯨組主・益冨家の資料の中にも鯨を釣り上げる恵比須様を描いた掛け軸がある。一方、西海漁場に多くの双海船乗りを輩出した備後田島（広島県福山市）の網大工・門田又三郎の屋敷では、豊漁をもたらした鯨網のミトアバ（中心部の浮き）をオーダマエビスとして祀っていたという記述もある（『漁村民俗誌』）。これらの事例を見る限り、獲物をもたらす、あるいは予兆するような存在をエビスとする事はあったが、獲物自体をエビスとした訳では無い事が分かる。それゆえ漁民が何を漁獲対象とするかによって、エビスに擬せられるものはおのずと変わってくるのである。

唐津市神集島の鯨大敷網が祀った鯨エビス像

エビス神の御利益は大漁など、この世に幸をもたらす事で、その機能は他界と実世界を接続する事にある。先の胎児鯨を恵比須像の下に埋葬する事例は、その霊の速やかな生まれ変わりを願っての事だが、例えば五島・福江島の黒瀬では、納屋場のあった所の近くに恵比須様の石像をいくつも祀っており、地元の伝承では鯨が取れるたびに像を造ったのだという。これなども、エビスの神威による鯨霊の回帰と復活を期した建立の可能性が高い。

鯨組の信仰

エビスの項でも触れたが、西海漁場の鯨組の拠点となる納屋場の敷地内には、必ず神様の祠が祀られている。これは今日の企業ビルの屋上に稲荷などを祀るのと同様、組織の繁栄と安泰を祈願する目的で設けたものと思われる。西海の鯨組の従事者は各地から集まって来て、操業中は共に暮らす独自の共同体を形成したため、その土地の産土神（うぶすながみ）に依らず、鯨組独自の神を持つ必要があった。呼子の中尾組では小川島の納屋場に祠が置かれた他、本土の呼子にあった前細工場にも恵比須、秋葉、稲荷の三神が祀られていた。これなどは、船団の大漁、納屋場・前作事場の火難避け、商いの繁盛をそれぞれ担当する神に祈願する形となっている。

『小川島鯨組一切記』によると、呼子（唐津市）の小川島組では、月の三日、一〇日、二〇日に大納屋・小納屋で恵比須祭がおこなわれ、他にも御日待ち、納屋祓いや網代（あじろ）祓い、羽指や艫（とも）押しによる冬春二度の漁籠もりなど様々な行事がおこなわれている。また組出しから組揚がりまで毎朝、目代の一人が納屋場が置かれた小川島の田島大明神と恵比須社に参詣した。正月に重ね餅を供える場所も、大納屋の神棚や荒神、田島大明神と恵比須、帳面、包丁箱、網、船の船玉様、蔵、山見小屋など多数にのぼった。

地域の神仏に、鯨が取れた時に鯨肉を供える事もおこなわれている。『小児乃弄鯨一件の巻』によると、呼子ではそれを山所務（やましょむ）といい、長さ一尺幅五寸の皮身を小川島の田島神社、呼子の三社大権現と八幡神社、加部（かべ）島の田島大明神に供え、五寸四方の皮身を小川島の不動様と加唐（かから）島の祇園神社に供えている。呼子では昭和初期、ノルウェー式砲殺法が導入された頃になっても、山見があった土器（かわらけ）崎の大明神や恵比須様に会社から鯨肉を供えていた。もっとも供えた山見が直ぐに下ろして食べたという。

鯨組が寺や神社に灯籠や鳥居などを寄進した例も多い。生月島（平戸市）の益冨家は、益冨組の勢力が拡大していた寛政年間、生月島内の壱部浦にある白山神社や住吉神社に花崗岩製の大鳥居を奉納している。花崗岩は産地の瀬戸内海沿岸からわざわざ船で運んできたものだが、当時の益冨家や一族の石塔も花崗岩製が多く、玄武岩のくすんだ石塔が一般的だった当時の九州北西地方では、白くて堅い花崗岩製の石塔を建てることはステータスだったと思われる。

呼子（唐津市）には中尾組の三代目組主・中尾甚六が鯨一頭の代金で建てたといわれる龍昌院がある。鯨一頭は誇張かもしれないが、この寺が建てられた一八世紀中期は、ちょうど中尾組が五島に進出し繁栄していた時期だった。その中尾組が進出した五島の有川（新上五島町）には、地元の鯨組主・江口甚右衛門正利を祀る正利翁社（二十日恵美須）がある。同人は一七世紀の終わり頃、地元従業員を多く雇用して捕鯨をおこない、有川を繁栄に導いたが、その功績から後世の人に神として祀られたのである。

鯨の供養

『勇魚取絵詞』によると、子連れの鯨が鯨網に掛かった時は、まず子供の鯨に萬銛を突き、綱で船に繋ぎ留めた。そうすると母親の鯨は網を逃れても必ず帰って来て、鰭で子鯨を繋いだ縄を切ろうとする。そこに網を張り回して突き母鯨も捕らえたという。親子の情を利用して捕獲する残酷と思える方法だが、注目したいのは、こうした方法で捕獲している事実を隠さず紹介している事だ。

享保五年（一七二〇）制作の『西海鯨鯢記』には、捕鯨で鯨が喉をころころと鳴らして絶命する際には、水主や羽指が一緒に「南無阿弥陀佛」と三度唱え、「三国一じゃ大背美捕すまいた」と歌ったとあり、同様の作法は一九世紀前期の益冨組でもおこなわれているが、土佐津呂浦の鯨組でも、絶命の際鯨が暴れた時には「ジョーロクジョーロク」と唱えたという（『土佐津呂組捕鯨聞書』）。これは常楽我浄の略とされ、鯨の極楽往生を願って唱えた文句だとされている（『鯨の郷・土佐』）。

呼子小川島では、鯨の皮の下にはもう一枚薄い皮があるが、これは前世が和尚だからであり、ゆえに鯨組はいくら栄えても殺生をするので長く続いたためしがない、と言われていたとされるが（『漁村民俗誌』）、これは僧侶など鯨取り以外の人の見方を反映した話のように思える。『小川島鯨鯢合戦』の文末には、鯨の殺生によって多くの人々が生かされている事を強調し、中尾組では鯨供養の法要が営まれていることを紹介している。また長門市通の向岸寺には同地で捕獲された鯨の過去帳や位牌があり、現在も鯨供養がおこなわれている。このような鯨の魂を祀る行事は仏教の影響がないアイヌ捕鯨文化でも見られ、北海道南西部の噴火湾沿岸では、捕獲された鯨（フンベ）の魂を海に返すフンベ送りの行事が、一九〇〇年頃までおこなわれていた（『噴火湾アイヌの捕鯨』）。

鯨の供養塔や鯨墓も日本各地に建立されている。『房南捕鯨』の付録「鯨の墓」はそのような塔や墓を集成した労作だが、それによると全国にある五四基（ただし九基が年代不明）の鯨墓のうちで最古のものは、寛文一一年（一六七一）建立の三重県熊野市二木島の鯨三十三本供養塔だという。その後の元禄年間（一六八八～一七〇四）には福江島黒瀬（元禄三年）、長門通浦（元禄五年）、的山大島神浦（元禄五年）、五島中通島丸尾（元禄九年）、平戸島平戸最教寺（元禄八年）など、西海漁場で立て続けに鯨供養塔が建立されている。

「鯨の墓」所収の鯨供養塔の建立時期は一七世紀に六基、一八世紀に八基、一九世紀に二二基、二〇世紀に九基、不明九基である。建立の直接的な動機には、一年に何頭の鯨を取った、通算捕獲数が何頭に達したなどの記念的意味を込めたと思われる例もあるが、不漁に臨んで過去の捕獲に対する反省心から供養の意味で建立した場合もあったようで、古式捕鯨業が衰退期に入った一九世紀後半期に一二基が建立された理由もそこにあると考えられる。前述した元禄年間の集中建立期も、明暦～寛文年間（一六五五～七三）の突組の

長門・通の鯨供養塔

豊漁期から一転して不漁になった時期にあたるが、この時期は突組から網組への改変期でもあり、一つの漁場で複数組が操業した突組に対し、網組は一漁場を占有する形になった事で、漁場管理に対する意識が強くなったとも考えられる。また貞享二年（一六八五）頃より関連法令が出されている生類憐みの令が影響した可能性もある。

またエビスとも関連するが、五島灘の江島（えのしま）（西海市）では鯨の孕み児（胎児）に羽指の着物を着せて葬ったといい、土佐室戸（室戸市）でも鯨の孕み児に子供の着物を着せて葬るなど、生まれる前に死ぬ事となった胎児は特に意識したようである。

網掛発明譚

網掛突取法の根幹をなす網掛過程の導入が、古式捕鯨業における画期的な出来事だった事は、その導入から間もない享保五年（一七二〇）に書かれた『西海鯨鯢記』で、効用を雄弁に紹介されている事からもうかがえるが、網掛過程の発明にまつわる伝説も各地に残っている。

網掛の発祥地である紀州太地浦（太地町）に伝わる話では、組主の太地角右衛門頼治が不漁に悩んでいた折、蜘蛛の巣に蝉が絡んでいるのを見て、鯨に網を掛けることを考案したという。しかし西海漁場にも同様の話が各地に伝わっており、大村藩の『郷村記』所収の話では「深澤家代々ノ口碑に、儀大夫夏日蜘の巣に蝉の懸りしを見て、始て網取の術を工夫すと云」と、深澤儀太夫勝幸が主人公になっているが、長州見島には松島（深澤）与五郎が見島で操業した折に、妹の阿千が蜘蛛の巣を見て考案したという話が伝わる（『乾島略志』）。生月島（平戸市）にも、操業当初の組主・畳屋（益冨）又左衛門正勝が突組の不漁を苦に崖から身を投げようとした時、牛に小突かれて思い留まり、見上げた梢に蜘蛛の巣があって網掛を閃いたという話が伝わり、故に牛角文様を家紋として採用したと説明されている。こうした網掛発明譚は網掛技術の普及とともに各地に伝播していったと思われる。

紋九郎鯨伝説と鯨組の遭難

『漁村民俗誌』には、作者の桜田勝徳氏が母親から聞いた話として、名古屋辺りでは春になると鯨が子供を連れて伊勢参りに出かけるので、その頃の鯨は取ってはならないという話が掲載されている。西海漁場では五島・福江島にあり「西の高野」と呼ばれた大宝寺に鯨が参るという筋の話が多いが、どちらも鯨の回遊から連想されたシチュエーションと思われる。

『漁村民俗誌』にある呼子小川島（唐津市）の話では、鯨師（組主）の夢に鯨が現れ、明日は大宝寺に参るために沖を通るから、その時だけは取らないでくれと懇願した。しかし鯨師は願いを聞かずに取ってしまうが、俄かにもの凄い雲が空の一端に現れ、雲の中で大きな女の顔が笑ったと見る間に海はたちまちに荒れて、鯨組全員は海の藻屑と化してしまったという。呼子に伝わる別の話では、主人公が羽指、鯨の行き先は呼子湾内の弁天島になっていて、鯨を取った結果、羽指の子供に銛が落ちてきて刺さり、本人も入水して果てるという話になっている。さらに別の話では、組主・中尾甚六が、孕み鯨から出産が終わるまで取らないで欲しいと夢の中で懇願されるが、目覚めた時には鯨は取られた後で、供養のためその鯨の代価で呼子に龍昌院という寺を建てたという話になっている。

同様の筋の話は、大村領では深澤（松島）与五郎、五島小値賀（おぢか）島では小田伝兵衛を主人公とした話として伝わっているが、五島宇久（うく）島（佐世保市）などに伝わる紋九郎鯨の話は、この筋の最も代表的な伝説である。正徳六年（一七一六）正月二一日の夜、宇久島の鯨組主・山田紋九郎の夢枕に、大きな子持ちの白長須（しろながす）鯨が現れて、「私共親子は五島福江島の大宝寺にお参りに行く途中です。どうか行きがけには取らないで下さい」と言った。翌日、組主はその旨を伝えたが、功にはやる船団は、親子鯨を確認すると出漁して捕獲にかかった。しかし漁の最中急に天候が崩れて大時化となり、七二人もの犠牲者を出す大惨事となり、山田組は解散に追い込まれたという。

この山田組の遭難は実際にあったことである。宇久島の平には、その時の犠牲者を弔った正徳六年（一七一六）銘の供養塔が二基存在し、福岡市西浦の西照寺の過去帳には、この時西浦から漁に参加していて遭難した九名の犠牲者の名が記されている。

このような鯨組の遭難事故は他でも起きていて、元禄五年（一六九二）二月三日には深澤組が長州角島（下関市）沖で六六人もの犠牲者を出す遭難を起こしており、角島には供養碑が残されている。さらに紀州太地浦でも明治一一年（一八七八）一二月二四日、網を逸れて逃走した鯨を沖に追跡した船団が強い黒潮の流れに掴まり、七〇〜八〇人もの遭難者を出す惨事「大背美流れ」が起きている。

宇久島の山田組遭難者供養碑

取ってはならない鯨を取ったために惨事が起きる筋の伝説を「紋九郎鯨型伝説」とすると、この型の伝説の起源は、正徳六年の山田組の遭難に際し、仏教サイドが呈示した、殺生の罪悪視を基盤に置いた応報譚だと思われる。その後この話は、鯨組や鯨取りのネットワークによって各地に伝播し、地域の状況に応じてアレンジされて定着していったと考えられる。

4　捕鯨にまつわる芸能

日本各地の鯨芸能

鯨芸能とは、鯨や捕鯨の様子を歌や踊り、作り物などで表現した芸能である。鯨芸能の多くは、鯨と主体的に繋がりを持った人々によって演じられ、捕鯨漁場がある地域で伝承されてきた。しかしなかには、伝え聞いた捕鯨の様子を、捕鯨と関係が無い地域の人が祭礼などでおこなっている例もある。鯨唄を除いた各地の行事や踊り、作り物を紹介する。

①アイヌの鯨の踊り
アイヌが捕鯨をおこなっていた北海道には鯨踊りが残っている。白糠(しらぬか)町に残る「フンペ（フンベ）リムセ」は、浜に寄ったフンペ（鯨）を烏の群集によって見つけた話や、レブンカムイ（鯱）に追われて川に入り息絶えたフンペを見つけた話などを、唄と踊りで表現している。鯨の踊りには他に白老(しらおい)町の「フンペリムセ」や平取(びらとり)町の「ウフンペネレ」などがある。

②鯨突き
京都府伊根(いね)や土佐室戸の鯨組の正月行事には、鯨の作り物を突いてみせる捕鯨の模倣行事があり、

長州でも正月に鯨組の模擬操業がおこなわれ藩主が観覧していたという。

かつて捕鯨がおこなわれていた三重県南部には、捕鯨の銛突を再現した行事がいくつか残る。尾鷲市梶賀で一月一五日におこなわれる「ハラソ祭り」では、六丁櫓のハラソ船で湾内を回り、舳先からハダシが銛を突く。また紀北町白浦で旧暦六月一四日におこなわれる「大白祭」では、三艘の鯨船の一艘が七丁櫓で漕がれ、波止場近くで銛を打つ。残り二艘は、かつて鯨を運んだ持双掛けの形で帰ってくるという（現在は中断）。

しかし同じ三重県で捕鯨と関係がない北部の四日市一帯でも、鯨を突く様子を陸上で再現した「鯨船行事」がおこなわれている。ここでは御座船という藩主が座乗する関船を模した山車から、人が担ぐ張りぼての鯨を銛で突く所作をする。また鯨組の操業が無かった伊豆半島の戸田（静岡県沼津市）にある諸口神社で四月四日におこなわれる祭礼でも、鯨突き唄に併せて銛で鯨を突く踊りがおこなわれるが、この芸能は、安永六年（一七七七）当時、紀州家の石場を預かっていた勝呂家に、紀州から伝わったものだという。しかし歌詞の中に「槌の子持ち」が登場する事から、安房漁場から伝播した可能性も存在する。

③鯨の山車

長崎市諏訪神社でおこなわれる秋の大祭「長崎くんち」には、市内の町から毎年交代で山車や踊りが奉納されるが、万屋町からは「鯨の潮吹き」の山車が出る。これは安永七年（一七七八）に当時五島で捕鯨をおこなっていた呼子の鯨組主・中尾甚六の勧めで始まったという。竹で作った骨組みに布を

長崎くんち、万屋町の鯨の山車

張って鯨の形を作るが、布には黒皮の質感をだすため当時高価だったビロードが使われ、内部にポンプを設置して潮吹きを再現している。披露の際には、鯨船や大納屋の山車も出て、羽指役の子供が鯨唄を唄う。

なお大阪府堺市では、昭和二九年（一九五四）頃まで八月一～二日に出島鯨踊りという行事がおこなわれた。全長二〇メートルの大鯨と小鯨の模型、それを追跡する四艘の船の山車が登場したという。五〇人の子供が曳く鯨の模型を、船が追いかけ、最後に槍を打つのである。ともに海港都市として栄えた長崎と堺だけに、両行事には関連がある可能性もある。

鯨唄

①鯨唄の種類

鯨唄は、捕鯨の様子を歌詞に織り込んだ唄で、鯨組で働く者達が唄ったものがおもな起源となっている。鯨唄には組出し（出漁）、正月、組揚がり（終漁）などの行事の際に唄われた「祝いめでた（大唄）」「思うことかなう」「年の始め」「羽指踊り唄」などの祝い唄や、作業の際に唄われた「ろくろ巻き唄」「骨切り唄」「椎皮（しいかわ）叩き唄」「網の目締め唄」など作業唄に由来するものがある。

五島有川（長崎県新上五島町）で一月一四日におこなわれるメーザイテン（弁財天）祭は、有川六カ郷の若者（羽差衆）が、弁財天社と納屋場があった横浦を皮切りに、町内各所で締め太鼓に合わせて鯨唄を唄ってまわる行事だが、かつての鯨組の正月行事を彷彿とさせる。

呼子（唐津市）の加部島には、轆轤（ろくろ）（人力ウィンチ）を巻くとき拍子を取るために唄われた巻き上げ唄が残っているが、加部島小浜の解体場では、昭和に入っても轆轤で鯨体を巻き上げていたので、この唄が伝承されたと思われる。轆轤巻き唄は有川にも残っている。

呼子小川島に残る鯨骨切唄は、鯨骨を包丁で細かく切る（削る）作業の際に唄われたものだが、有川にも骨削り唄がある。また有川に伝わる椎皮叩唄は、鯨網を腐食から守るために定期的におこなわれた、椎の皮を煮た煮汁で網を染める作業の際に唄われものである。

〔鯨唄が伝承された場所〕

千葉県：安房郡鋸南（きょなん）町勝山

静岡県：沼津市戸田

和歌山県：東牟婁（むろ）郡太地町、新宮市三輪崎（みわさき）

山口県：長門市仙崎、同通浦、同川尻（かわじり）

佐賀県：唐津市呼子町呼子、同加部島、同小川島、唐津市鎮西（ちんぜい）町名護屋（なごや）浦

長崎県：壱岐（いき）市芦辺町棚江（たなえ）、同勝本（かつもと）町、平戸市生月町壱部浦、平戸市前津吉、佐世保市宇久町平、西海市崎戸町江島、北松浦郡小値賀町、南松浦郡新上五島町有川

②鯨唄の伝播

古式捕鯨業時代には、羽指や加子、捌き方などの漁夫は、地元だけでなく他所の鯨組に雇われることもあり、また鯨組自体も他所に出漁している。そのため各地の捕鯨漁場の間で継続的な人の交流が起こり、それに伴って鯨唄も各地に伝播していったと考えられる。

一例として羽指踊りの際の唄を取り上げる。羽指踊りとは鯨組の組出し、正月、組揚がりの際、締太鼓と唄に合わせて、羽指達が円を組んで踊るものである。西海漁場系捕鯨図説には、必ずといって良いほど羽指踊りの場面が紹介されているが、上半身を脱いで両手を上げる様は、一見、力士の土俵入りのようにも見える。そのうち安永二年（一七七三）制作の『小児乃弄鯨一件の巻』の羽指踊りの場面には、祝いめでた系の鯨唄の歌詞が掲載されている。また寛政八年（一七九六）の『鯨魚覧笑録』の羽指踊りの場面には、年の始め系の「積り唄」と、砧（きぬた）踊りの歌詞が入った「羽指踊り唄」が掲載されている。

羽指踊り（『勇魚取絵詞』佐賀県立名護屋城博物館所蔵）

この砧踊りの歌詞の文句については、紀州太地浦に伝承されている綾踊り（砧踊り）の歌詞で確認できる。砧踊りは、もともと鯨を追い込むために船縁を叩く所作に由来するともいわれ、現存する西海漁場の鯨唄でも、生月島壱部浦（平戸市）の羽指踊り唄、五島有川の生(き)唄などに砧踊りの文句が認められる。捕鯨技術の伝播の流れを考えると、もともと紀州にあった踊りと歌詞が西海漁場に伝播し、羽指踊り唄の起源になった事が考えられる。

また祝いめでた系の鯨唄については、紀州、土佐、西海だけではなく伊豆や安房にも伝承されており、『日本民謡大観』の解説にも、この唄は突取、網掛突取の別なく伝承された唄だろうとされている。この唄も突取法が主流の古式捕鯨業時代前期に、突組の漁師の移動とともに伝播した古い鯨唄だと思われる。

同じ系統の唄では当然文句が似通ってくるが、決まった文句が様々な系統の唄に用いられている例もある。一例として、取れた鯨を轆轤で巻き上げる様子を表した次の文句を取り上げる。

〈『小児乃弄鯨一件の巻』の祝いめでた〉
「納屋のろく路に綱くりかけて　子もち巻くのはひまもなや」
〈小川島鯨骨切り唄〉
「納屋のろくろに綱繰りかけて　背美を巻くのにゃ暇も無いよ」
〈芦辺新造祝い〉
「納屋のろくろにゃ綱繰り掛けて　背美をまくのにゃ子持まくのにゃ暇も無い」
〈生月勇魚(いさな)捕唄一番唄〉
「納屋のろくろに綱繰り掛けて　大背美巻くのにゃ暇も無やよ　子持巻くのにゃ暇もー無や」
〈川尻浦鯨唄〉

「納屋のろくろに綱繰りかけて　大背美を巻くのにゃ暇も無い　子持巻くのにゃ暇も無い」

このように殆ど同じ文句と言って良いが、さらに紀州太地浦の綾踊りの一節を紹介すると、「前のろくろにかがす（綱）をはえて　お背美まくのに暇もない」と、これもまた殆ど同じである。この文句も、突取法の段階に紀州から西海各地に伝播したものと思われる。

次に鯨網の展開の形を表した文句を取り上げてみたい。

〈小川島鯨骨切り唄〉
「みとは三重側その脇ゃ二重　背美の子持ちは逃がしゃせぬよ」
〈有川神戻りの唄〉
「みとは三重側その脇ゃ二重　逃しゃせまいぞー座頭の魚」
〈生月勇魚捕唄三番唄〉
「みとは三重張りその脇ゃ二重　網はかがすで巻き締めおいてよ　逃しやるまい背美の魚」

この文句については紀州には該当する鯨唄がない。ミトとは網の中心を示す言葉だが、ミト付近の中央の網が三重で、その外側が二重になる鯨網の張り方は、第四章で紹介したように西海漁場特有のスタイルである。そのためこの文句は、網掛過程が導入された古式捕鯨業時代中期以降に西海漁場で作られ、西海漁場内の網掛技術の伝播に伴って広まった文句だと考えられる。

第八章　近代捕鯨業時代前期

近代捕鯨業時代は、おもに企業が資本主義経済の原則に従い、ノルウェー式砲殺法という高い捕獲効率を有する漁法を用いて、企業（株主を含む）の利益の最大化を目的として捕鯨をおこなった時代である。この時代（＝近代捕鯨業時代前期）の始まりは、遠洋捕鯨株式会社が烽火丸で実験操業を開始するとともに、日本遠洋漁業株式会社が設立された明治三二年（一八九九）から、東洋漁業が国内漁場の本格開拓に着手し、国内におけるノルウェー式砲殺法の優位を決定づけた明治三九年（一九〇六）までを漸移的な画期とする。

近代捕鯨業時代前期は、ノルウェー式砲殺法による沿岸砲殺捕鯨の全盛期で、漁場も朝鮮海域や西海漁場に始まり、古式捕鯨業時代には埒外だった三陸、北海道、千島列島が漁場として開拓され、主要漁場として発展する。この時期の終わり頃までには朝鮮、台湾など当時の植民地を含めた日本の領域全体に漁場が拡大するが、同時に乱獲による鯨の減少も起こっている。時期の終わりは、工船型ノルウェー式砲殺捕鯨の形態による南氷洋への出漁が開始された昭和九年（一九三四）である。

1　ノルウェー式砲殺法

ノルウェー式砲殺法の定義

近代捕鯨業の主要な漁法であるノルウェー式砲殺法は、一八六四年ノルウェー人のスフェント・フォインによって開発され、世界的に従来の捕鯨法を一新する画期的な漁法となった。『本邦の諸威式捕鯨誌』にある諸威（ノルウェー）式捕鯨の内容からは、次のような特徴が上げられる。

①一二〇トン内外の一〇ノット以上を出す軽快な鋼鉄製汽船を使用する
②罐（かん）水、燃料などの積載量の制約があるため五〇～一〇〇マイルまでの沿海で漁をおこなう
③主漁具として船首に砲座を設けて火器（捕鯨砲）を据え付け、それを用いて炸裂弾と銛（もり）を装着したロープ付きの弾体を発射して鯨に命中させる。炸裂弾は鯨体内で爆発して鯨を殺傷し、同時に四本の銛爪が開き鯨体に食い込んで確保する
④銛綱は、長さ半間あまりの伸縮自在な螺旋鋼線（スプリング）を用いた緩勢機を経由してウインチに繋がれているため、鯨の不意の沈下逃走などにもよく耐える事ができる
⑤捕獲した鯨体はウインチで巻き、舷側に寄せて基地まで運ぶ

ただし①の条件は、砲殺捕鯨船の大型化で変化する事になり、②はその後捕鯨工船で解体加工をおこなう工船型ノルウェー式砲殺法が導入されたため、沿岸型ノルウェー式砲殺法だけに当てはまる定義となる。また③も小型鯨に対しては、炸裂弾を抜いた銛だけで撃つ場合もあるなど、適合しない条件もある。そのためもっとも拡大解釈した場合、動力船とノルウェー式捕鯨砲の使用だけでも、ノルウェー式砲殺法だと見なせる。

捕鯨に動力船を使えば、広範囲に漁場を移動したり、鯨を長時間にわたって追跡することが可能となる。ノルウェー式砲殺法に用いた砲殺捕鯨船の初期の例で、明治三一年（一八九八）に大阪で建造された烽火丸は、総トン数一二三トン、三〇馬力の蒸気機関を搭載していたが、最高速力は九ノットに過ぎず、経験不足も相まって、鯨に振り切られることが多かった。一方、日本遠洋漁業株式会社ではノルウェーから優秀な砲殺捕鯨船を購入した事もあって、速力不足に悩まされることは無かったようだ。昭和一〇年代に入ると極洋への出漁が始まったことで、三〇〇トンを越える航洋型の砲殺捕鯨船が建造されるようになり、昭和一二年（一九三七）建造の大洋捕鯨の関丸以降、高出力で信頼性が高く航続距離も長いディーゼル機関が搭載されるようになる。さらに戦後の昭和二九年（一九五四）には探鯨ソナーが開発・装備され、探鯨効率が飛躍的に高まった。昭和四六年（一九七一）に建造された第一京丸では、総トン数八一二トン、五〇〇〇馬力のディーゼル機関を搭載し、最高速力一九ノットに達している。

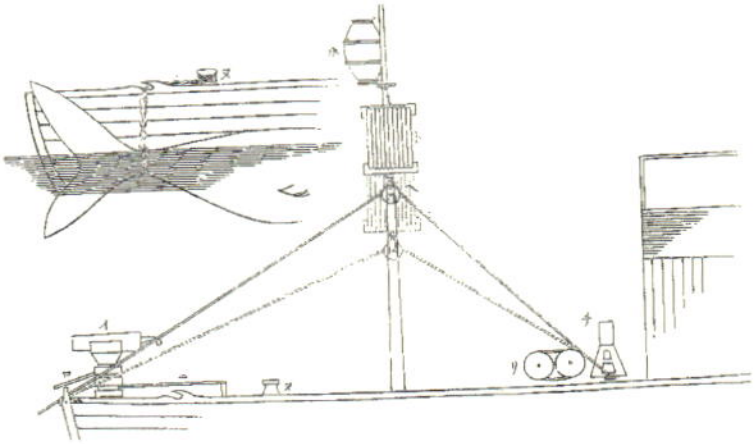

烽火丸の砲と緩勢機（『大日本水産会報』222号）

ノルウェー式捕鯨砲で用いる銛は、炸裂する弾頭と銛がセットになったもので、鯨にダメージを与えると同時に鯨体を確保することができる。つまり、かつて四〇艘もの船と四〇〇人を越える人数で、網掛、銛突、剣突、鼻切りという数段階にわたる長時間のプロセスを経て一頭の鯨を仕留めていたのが、一門の捕鯨砲による一瞬の砲撃で終了してしまうことになったのである。弾体には当初、銛先が尖った尖頭銛を用いたが、命中角度などによって滑って刺さらない場合もあり、昭和二四年（一九四九）には東大物理学教室の平田森三・磯部孝両教授によって、先が平らで鯨に確実に刺さる平頭銛（断頭銛）が発明されている。

日本におけるノルウェー式砲殺法の導入

明治二〇年代に入ると、ウラジオストックを基地とするロシアのノルウェー式砲殺捕鯨船が、樺太・北海道方面から朝鮮海域にかけての日本海で操業を開始する。その最初は一八八九年に操業を開始したディディモフのノルウェー式砲殺捕鯨船ゲンナーヂ・ネウェルスコイ号だが、長崎県事務簿には、明治二三年（一八九〇）に、壱岐（いき）・前目（まえめ）浦の漁場に同船を雇い入れて操業することを地元民が申請したが、農商務大臣・陸奥宗光が却下した記録が残っている。明治二七年（一八九四）には、カイゼリング伯爵らの出資によってロシア太平洋捕鯨漁業株式会社が設立される。同社は翌年から朝鮮近海、ウラジオストック近海、カムチャッカ方面を周回する形でノルウェー式砲殺法による操業を開始し、明治三二年（一八九九）には韓国政府と協定を結んで韓国国内の長生浦（チャンセンポ）、馬養島（マヤンド）、長箭津（チャンジョンポ）に捕鯨基地を設ける事に成功している。同社の砲殺捕鯨船は食料・水などの補給のため長崎に寄港しているが、明治二九年（一八九六）からは同港への鯨肉の輸出も始めている。明治二九年の鯨肉輸出（長崎への輸入）量は一〇六万斤、翌三〇年には一八〇万斤で金額も七万円に達している。この膨大な輸入鯨肉は国内の鯨肉価格を低迷させ、不振を極めていた日本の古式捕鯨業界に大打撃を与えた。

こうしたロシアの動きに刺激され、明治二九年（一八九六）には長崎で遠洋捕鯨株式会社が設立される。同社は明治三〇年には四五トの汽船弥生丸を用い、五島・中通島の鯛の浦を拠点に操業をおこなったが、その後ノルウェー式砲殺捕鯨船・烽火丸を建造し、明治三二年（一八九九）一月から西海から朝鮮にかけての海域や、薩南海域で試験操業をおこなう。烽火丸は短期間で各地の漁場を巡航するなど、汽船の機動力をいかんなく発揮したが、速力不足や砲手・乗組員の不慣れなどが相まって操業自体は不調で、会社は同年一一月に解散し、その後、烽火丸は組合所有の形で翌年まで操業を続けている。

一方、山口県仙崎（長門市）では岡十郎らが明治三二年に日本遠洋漁業株式会社を設立し、翌三三年から朝鮮南東沿岸で操業を始めている。この会社の操業については次項で詳しく述べるが、ノルウェー式砲殺法をおこなう新しい捕鯨会社が漁場を朝鮮海域に求めた理由は、朝鮮漁場の有望さや、朝鮮半島をめぐるロシアとの利権争いなどもあったが、特に国内の旧来の漁場には細かく漁業権が設定されており、操業が制限されたためだと思われる。例えば遠洋捕鯨株式会社は、壱岐郡や南北松浦郡（五島も含む）では海岸および沿岸区画漁場から一〇カイリ以内、上下縣郡（対馬）の沿岸五カイリ以内では操業してはならないという命令を長崎県から受けている。

この段階のノルウェー式砲殺法は、解体施設をもつ陸上の基地を拠点に砲殺捕鯨船が操業する沿岸型砲殺捕鯨の形態を取っているが、初期には解剖船を用いた場合もあった。解剖船は、のちの極洋捕鯨で解体・加工を洋上でおこなった捕鯨工船とは異なり、基地を設けられない場合、やむなく解体作業を岸から近い海上でおこなうための臨時の設備であり、基地が整備されるとあまり用いられなくなっている。

ノルウェー式捕鯨砲

鯨の解体・加工をおこなう基地は、従来鯨組（くじらぐみ）が使っていた施設（納屋場）を転用することもあったが、多くは新たに建設されている。鯨の解体法としては、当初、栈橋に立てた二本の柱に横木を渡し滑車を取り付けたボック（起重柱）という設備を用い、通した綱を鯨の尾にかけてウインチ（起重機）で巻いて吊し上げ、適当な長さで切断しては栈橋上で解体するボック式解体法を採用した。しかし食用鯨肉を目的とした解体にはこの方法は時間がかかるため不向きで、陸上に板を敷き詰めた解体場を設け、ウインチや轆轤（ろくろ）を用いて鯨体を斜道を使って解体場に引き上げて解体する引揚げ解体法が一般的になった。基地内には解体施設のほか肉冷場、納屋、製油場、塩蔵場（えんぞうば）、貯炭場などが設けられたが、冷凍設備が普及する以前の明治・大正時代には、鯨肉は汽船などを用いてなるべく早く出荷するようにしていた。

2　日本遠洋漁業株式会社の成功

明治三二年（一八九九）に設立された日本遠洋漁業株式会社（のちの東洋漁業→東洋捕鯨→日本水産）は、日本の近代捕鯨業の発展にとって牽引車のような役割を果たした。この会社の設立には、前述したように明治二四年（一八九一）頃に開始された朝鮮海域におけるロシア砲殺捕鯨船の進出が影響している。設立者の長州人・岡十郎は、ロシアに対抗するには同じノルウェー式砲殺法を導入するしかないと考え、品川弥二郎、福沢諭吉、曽根荒助などの忠言を受けて一〇万円の資本を集め、山口県仙崎で日本遠洋漁業株式会社を設立する。

設立に先だち、岡はノルウェーに赴き、ノルウェー式砲殺法を実地に見聞している。その際、食肉の利用が顕著な日本と異なり、ノルウェーにおいては鯨の加工は採油、製肥に重点をおいている現状をみて、ノルウェーと日本のやり方を折衷した形で捕鯨業を興すことを企図した。また肝心の砲殺捕鯨船を国内で建造するか海外発注するかで意見が分かれたが、結局、石川島造船所に四万七千円で発注し、明治三二年一〇月に第一長周丸が進水した。

一方で、韓国領海内における捕鯨業の特許を受けるべく、駐韓公使に斡旋を依頼したが、当時の韓国にはロシアの勢力が強く浸透しており、時あたかもロシア太平洋捕鯨漁業株式会社はロシア公使を通じて二〇カ条の捕鯨特許章程の受諾を働きかけていた。日本の林公使は機会均等主義に立って日本側の要求受諾を働きかけ、最終的に六カ条の特許公文を得た。この公文の内容の主なものは慶尚道、江原道、咸鏡道の海浜三里以内を操業区域として三カ年の使用を認めるものだったが、ロシア側が得た権利よりはるかに条件が悪かった。

その後、回航中の第一長周丸が時化で破損するなどの危難を経て、明治三三年（一九〇〇）一月には第一長周丸と解剖船（帆船）千代田丸が朝鮮海域に出漁した。しかし第一長周丸は機関と砲に故障が発生したため、その修理で漁機を逃してしまう。しかも代替措置として購入した運搬汽船・防長丸も、蔚山（ウルサン）湾で捕鯨をおこない長須（ながす）鯨七頭を捕獲したまではよかったが、下関寄港後の商談中に積み荷を納めた倉庫が全焼し、せっかくの初荷を悉く消失する羽目となった。六月には、種子島山川港を拠点に薩南海域で捕鯨に従事し、若干の鯨を捕獲したものの、炎熱と解体施設の不備で、わずかに経費を補う程度の収益にしかならなかった。

次の明治三三／三四年漁期（一九〇〇／〇一）は一一月に始まり、一二月二七日までに朝鮮海域で二三頭もの漁獲を上げるが、その後、第一長周丸の砲座に亀裂が生じ、再び入渠修理を余儀なくされる。しかしながらその漁期には五月二五日の終了までに四二頭もの鯨を捕獲する好成績をあげた。

当時、朝鮮海域で捕鯨をおこなっていたのは当社と、ロシア太平洋漁業株式会社、それに長崎ホームリンガー商会扱いの英露人捕鯨組合の三社だった。しかし英露人捕鯨組合は程無く撤退することとなったため、同組合が所有する砲殺捕鯨船オルガ号と解剖船・廣益丸は、日本遠洋漁業株式会社がチャーターすることとなった。

三期目にあたる明治三四／三五年漁期（一九〇一／〇二）は、第一長周丸とオルガ号という砲殺捕鯨船二隻の体制で一〇月に始まったが、一二月には朝鮮元山沖で第一長周丸が座礁沈没するという海難が発生する。防長丸を売却し、資本金一〇万円のうち九万円を事故の処理に支出せざるをえないほど影響は深刻だったが、会社は奮起し、ノルウェーの最新型砲殺捕鯨船レックス号、レギナ号のチャーター契約を結ぶ一方で、韓国政府との交渉で操業権を延長することができた。こうしてその後の明治三六／三七年漁期（一九〇三／〇四）には三隻の砲殺捕鯨船で一〇一頭を捕獲する好成績をあげる。

明治三七年（一九〇四）には日露戦争が始まるが、これによって殆どのロシア砲殺捕鯨船が日本海軍によって拿捕される。これら拿捕船の払下げや貸出しの要求には、日本遠洋漁業株式会社とともに、新しく発足予定の日韓捕鯨株式会社も加わった。しかし政府は払下げを国内捕鯨者合同の団体に対しておこなう方針で、国内各地の捕鯨会社の合同の動きも起こったが、結局は二社の合併だけにとどまった。こうして明治三七年九月に新たに発足した東洋漁業株式会社は、資本金も二五万円に増資し、砲殺捕鯨船も拿捕船のニコライ、ミハエル号を加え、さらにオルガ号も購入し、明治三七／三八年漁期（一九〇四／〇五）を迎えた。折りしも日露戦争の最中であったが、制海権はほぼ日本が握り、日本の砲殺捕鯨船は自由に操業することができたため、同漁期の漁獲は二四五頭を数えた。さらにライバルのロシア捕鯨船隊の全滅や戦争による鯨肉需要の増加も相まって、会社は好景気に湧いた。

翌明治三八／三九年漁期（一九〇五／〇六）の朝鮮海域操業も東洋漁業の独断場となり、レックス、レギナ、ニコライ、オルガ号が出漁して二九二頭を捕獲し、韓国国内にあったロシア捕鯨の三根拠地も東洋漁業が租借契約することとなった。さらにその漁期の途中で、オルガ、ニコライ号の二隻は日本国内の漁場開拓を企図した航海に出て、前者は仙崎（山口県）から房総沖（千葉県）にかけて、後者は房総から金華山（きんかざん）沖（宮城県）にかけて航海し、一一一頭もの鯨を捕獲した。この操業によって日本国内も、本格的な近代捕鯨業の時代を迎えたのである。

東洋漁業は明治三九年四月以降、銚子（千葉県銚子市）、鮎川（宮城県石巻市）、紀伊大島（和歌山県串本町）、甲浦（高知県東洋町）に事業所を設け、六月にはノルウェーの造船所に砲殺捕鯨船いかづち丸、いなづま丸を発注するとともに同地で新造船（曙丸）を購入し、さらに事業所を土佐清水（高知県土佐清水市）、宍喰（ししくい）（徳島県海陽町）に設けている（「戦前1899―1945年の近代沿岸捕鯨の事業場と捕鯨船」）。こうして東洋漁業は、明治三九／四〇年漁期（一九〇六／〇七）にはノルウェー式砲殺捕鯨船七隻が朝鮮海域、土佐、紀州、房総、陸前など広範囲な漁場で操業し、六三三頭もの漁獲を上げるにいたる。そしてこの操業によって、古式捕鯨業の時代は最終的に幕を引かれる事になったのである。

3　大型沿岸砲殺捕鯨の発展

ノルウェー式砲殺法による大型鯨を対象とした陸上の解体施設を利用する捕鯨（大型沿岸砲殺捕鯨）の漁場は、明治四一年（一九〇八）には朝鮮海域と九州、土佐から三陸沿岸にかけての太平洋岸まで広がり、操業する砲殺捕鯨船も二八隻、捕鯨会社も一二を数えることとなった。しかし船数の急速な増加による捕獲数増と鯨製品の乱造で価格が低迷したため、明治四一年には日本捕鯨業水産組合を設立して業者間の調整機関とし、翌四二年には農商務省令によって鯨漁取締規則を定め、特許制度のもと砲殺捕鯨船の総数を三〇に制限した。さらに同年、乱立していた捕鯨会社のうち東洋漁業・長崎捕鯨・大日本捕鯨・帝国水産の四社の統合と、東海漁業・太平洋漁業の二社の吸収が成立して、東洋捕鯨株式会社が誕生した。さらに林兼商店（のちの大洋漁業）も大正一一年（一九二二）に土佐捕鯨株式会社を買収し、捕鯨事業に進出した。さらに昭和一八年（一九四三）には水産統制令による日本海洋株式会社、西大洋漁業株式会社への統合を経て、戦後には日本水産（旧東洋捕鯨）・大洋・極洋の三大捕鯨会社が沿岸砲殺捕鯨をリードする事になる。一方で隻数制限は昭和一二年（一九三七）頃には空文化し、昭和一六年（一九四一）には四五隻が国内で操業している。

その間、新しい大型沿岸砲殺捕鯨の漁場がつぎつぎと開かれていく。明治四四年（一九一一）には北陸、樺太、大正二年（一九一三）には奄美大島、翌三年には北海道沿岸、翌四年には南千島、関東州（黄海）、朝鮮西岸、同九年には台湾、同一二年には小笠原、昭和三年（一九二八）には中千島、昭和一六年（一九四一）には国境の北千島の漁場が開かれたことで、当時の国内における新漁場の開拓はほぼ完了する。

この間、古くからの漁場である西日本や朝鮮海域での漁獲は次第に減少したが、三陸沿岸および北海道、千島列島など北方海域での漁獲は著しく増加した。たとえば昭和五年（一九三〇）に、当時の日本領内でおこなわれた沿岸砲殺捕鯨の総捕獲数一七一七頭のうち、七五％にあたる一三〇二頭が三陸沿岸および北方海域の漁獲だった。またこのように南北にわたる広範囲な地域で漁場が開拓されたこ

大東漁業の砲殺捕鯨船・第一第二大東丸
（坂本晃氏蔵）

とによって、鯨の回遊とともに漁場を移動し、周年操業で捕鯨船や乗組員を有効に利用することも可能となった。例えば土佐の大東漁業は、大正七／八年漁期（一九一八／一九）に総捕獲数三一六頭を数えているが、その事業所別の内訳は佐賀県呼子一〇頭、和歌山県太地三五頭、宮城県鮎川一五九頭、岩手県釜石一一二頭となっている（『土佐捕鯨史』）。そのうち呼子漁場の頭数は三％に過ぎないが、冬季も休まず操業する周年操業のために必要な漁場だったのである。なお昭和九年（一九三四）以降は、極洋の工船型ノルウェー式砲殺捕鯨に加わっている砲殺捕鯨船も、期間外には国内漁場で沿岸型砲殺捕鯨に従事している。

しかし日本近海の鯨は、沿岸砲殺捕鯨が盛んになるのと反比例して減少していく。前述の大東漁業も、大正一二年（一九二三）頃以降、総捕獲頭数は一〇〇頭台まで減少している。鯨種でみると、以前から背美鯨は稀になっていたが、砲殺捕鯨の導入以降、白長須鯨、長須鯨、座頭鯨、克鯨も数を減らしていった。そのためこれらの大型鯨に代わり、槌鯨、ミンク鯨、ゴンドウ鯨などの小型鯨を対象とした小型沿岸砲殺捕鯨が各地で興る。たとえば和歌山県の太地では明治三七年（一九〇四）以降、前田式多連装捕鯨砲を用いたゴンドウ鯨漁が、安房では明治四〇年（一九〇七）頃から、グリーナー砲を用いた槌鯨漁がおこなわれた。また佐賀県の呼子でも昭和初期以降、前田式多連装捕鯨砲やノルウェー式小型捕鯨砲を用いたミンク鯨漁がおこなわれ、三陸漁場の鮎川（宮城県石巻市）でも昭和八年（一九三三）に、ノルウェー式小型捕鯨砲と前田式五連装捕鯨砲を並載した第一勇幸丸が太地から回航してきて操業している（『牡鹿町誌』）。

4　沿岸砲殺捕鯨の漁場

北方海域（北海道、千島列島、樺太）

この海域は、各種の鯨が夏場に食餌活動をする海域である。以前からアイヌによる伝統的な突取捕鯨がおこなわれてきたが、ノルウェー式砲殺捕鯨船の進出以降、国内有数の漁場に成長した。千島列島には北・中千島（海区一）と南千島（海区二）の漁場があり、大正四年（一九一五）から終戦まで、短い夏場に抹香鯨、長須鯨、鰯鯨などが捕獲された。おもな基地は択捉島の紗那、単冠、色丹島の斜古丹などで、戦前には両漁場で三陸沿岸に匹敵する捕獲数を上げた。しかしこれらの海域は、第二次大戦の終結とともにソ連が占領したため、操業が終了した。

北海道には、オホーツク海側（海区三）に長須鯨の夏場の回遊域がある。紋別（紋別市）、網走（網走市）などがおもな基地で、対岸の樺太にも基地があった。一方太平洋側（海区四）では、大正三年（一九一四）から操業が始まり、春から秋にかけて漁がおこなわれた。大正一一年（一九二二）頃までは長須鯨が、その後は抹香鯨と鰯鯨が多く捕獲され、第二次大戦後は国内第二の漁場に成長した。おもな基地は厚岸（厚岸町）、霧多布（浜中町）、釧路（釧路市）などである。

三陸沿岸（宮城県、岩手県、青森県）

三陸沿岸（海区五）は抹香鯨の好漁場として知られていた。明治三九年（一九〇六）には東洋漁業が鮎川（宮城県石巻市）を基地として大型沿岸砲殺捕鯨を始め、他の捕鯨会社も相次いで進出し、明治四三年（一九一〇）から昭和二三年（一九四八）にかけて国内随一の捕獲数を誇った。おもな基地は鮫（青森県八戸市）、釜石（岩手県釜石市）、鮎川、牧浜（石巻市）などである。このような砲殺捕鯨会社の進出に対して、明治四四年（一九一一）には鮫の東洋捕鯨の基地で、鯨の捕獲が魚群を散逸させ、解体・加工に際して流れ出す血や汚水が鰯を殺すという理由で住民の暴動が起こっている。なお鮎川を基地とするミンク鯨を主対象とした小型沿岸砲殺捕鯨は昭和八年（一九三三）から始まり、その後、槌鯨やゴンドウ鯨に対象を替えて今日まで続いている。

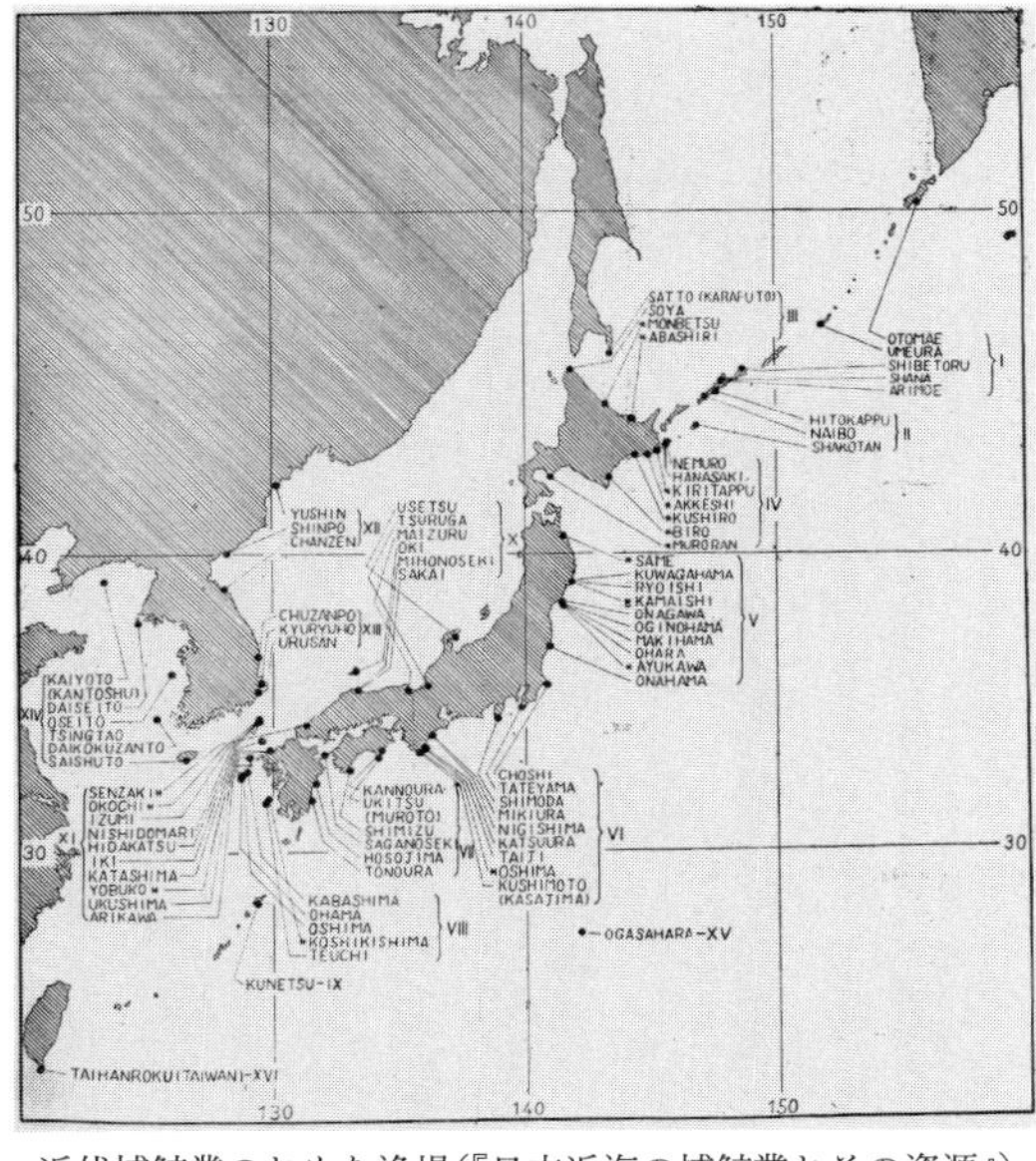

近代捕鯨業のおもな漁場（『日本近海の捕鯨業とその資源』）

能登半島沿岸（石川県）

この海域（海区一〇）は近世には台網（だいあみ）（定置網）による網取捕鯨の漁場だったが、大正三年（一九一四）まで宇出津（うしづ）（能登町）を拠点とした春の砲殺捕鯨がおこなわれている。

安房漁場、伊豆諸島・小笠原（千葉県、東京都）

房総半島から伊豆諸島にかけての海域（海区六の東側）は、槌鯨をおもな捕獲対象としている。もともと醍醐組による突取捕鯨の漁場だったが、明治二〇年（一八八七）以降、関澤明清による銃殺捕鯨や、関澤式中砲による砲殺捕鯨の試験操業がおこなわれ、明治三九年（一九〇六）には東海漁業がグリーナー砲を用いた砲殺捕鯨を開始する。房総半島南端の館山（千葉県館山市）、白浜（同南房総市）、千倉（同）、和田（同）などを基地とする小型沿岸砲殺捕鯨は、その後、前田式多連装捕鯨砲やノルウェー式小型捕鯨砲を導入しながら今日に至っている。一方、大型沿岸砲殺捕鯨は、明治三九年（一九〇六）に東洋漁業が銚子（千葉県銚子市）と館山を基地にして始め、ほかの捕鯨会社の進出も併せて明治四〇年頃までは活況を呈した。

小笠原諸島（海区一五）は冬の座頭鯨の回遊海域で、大正一二年（一九二三）の操業当初は座頭鯨を捕獲したが、その後は春の鰯鯨、抹香鯨漁に重点が移る。

紀州漁場（和歌山県）

この海域（海区六の西側）は、冬季の白長須鯨の漁場だった。明治三九年（一九〇六）には東洋漁業が紀伊大島（串本町）を基地として大型沿岸砲殺捕鯨を始めるが、大型鯨は大正三年（一九一四）頃までに著しく減少し、同一二年（一九二三）以降は漁にならなくなった。一方、小型沿岸砲殺捕鯨では、明治三七年（一九〇四）には太地でゴンドウ鯨を対象とする前田式多連装捕鯨砲が発明・導入され、その後ノルウェー式小型砲殺法が導入され、今日もノルウェー式砲殺法による小型沿岸捕鯨とともにゴンドウ鯨やイルカの追い込み断切（たちきり）網漁が続いている。

土佐漁場（高知県、徳島県）

この海域（海区七）では、明治三九年（一九〇六）に東洋漁業が甲浦（かんのうら）（高知県東洋町）、土佐清水（土佐清水市）、宍喰（徳島県海陽町）を基地に大型沿岸砲殺捕鯨を開始している。それによってこの地域で操業を続けてきた網組は廃業に追い込まれるが、それに代わって地元資本による砲殺捕鯨会社の設立が企画され、明治四〇年（一九〇七）以降、大東漁業株式会社、土佐捕鯨合名会社、丸三製材株式会社捕鯨部が設立された。それらの会社は浮津（うきつ）、甲浦などを基地としたが、東北や九州などの漁場にも出漁した。しかし土佐漁場自体の捕獲数は減少し、昭和五年（一九三〇）頃以降、操業は断続的となる。各捕鯨会社も最終的には林兼商店（のちの大洋漁業）に吸収される。

西海漁場（山口県、福岡県、佐賀県、長崎県）

朝鮮海峡域（海区一一の南半）と五島灘、九州西沿岸（海区八）を包むこの海域は、古式捕鯨業時代最大の漁場だったが、前述したようにノルウェー式砲殺法の導入でも先鞭をつけている。戦前の代表的な基地として仙崎（山口県長門市）、呼子（佐賀県唐津市）、比田勝（＝西泊）・河内（長崎県対馬市）、大浜（同五島市）などがある。呼子は、明治三二年（一八九九）の烽火丸による実験操業の根拠地になったあと、冬から春にかけて長須鯨や座頭鯨を捕獲する大型沿岸捕鯨が第二次大戦終了直後まで、ミンク鯨を対象とする小型沿岸捕鯨が昭和三六年（一九六一）頃まで継続したが、山見による探鯨など伝統的なスタイルを残していた。また大正四年（一九一五）頃までは、対馬北部の比田勝を基地に、朝鮮近海まで出漁する夏から秋にかけての長須鯨漁が盛んにおこなわれた。なお戦後から昭和三〇年代後半にかけて、五島福江島の玉之浦周辺や富江（五島市）を基地に、沖合での長須鯨や白長須鯨漁がおこなわれている。

呼子・加部島の解体場（坂本晃氏蔵）

朝鮮・黄海

朝鮮南東岸漁場（海区一三）は、既に述べたようにロシア太平洋捕鯨漁業株式会社の明治二〇年代の操業によって開拓され、明治三〇年代には日本の近代捕鯨業の跳躍台となった漁場である。秋の長須鯨と冬場の克鯨の回遊域だったが、克鯨は殆ど絶滅するまで乱獲された。おもな基地は蔚山である。また半島北東岸の漁場（海区一二）も長須鯨、克鯨の漁場で、基地は長箭浦、新浦、楡浦などである。

朝鮮の西岸海域である黄海（海区一四）は、大正四年（一九一五）から操業が始まり、長須鯨が秋から翌初夏にかけての長い期間捕獲された。海洋島、大黒山島、大青島、済州島などが基地である。朝鮮、黄海漁場は第二次大戦の終結とともに操業が終了した。

南西海域（鹿児島県、沖縄県、台湾）

奄美周辺（海区九）は冬から春先にかけて座頭鯨の回遊があり、大正二年（一九一三）から大正一一年（一九二二）にかけて捕獲がおこなわれた。基地は久根津（鹿児島県瀬戸内町）。また戦後の昭和三五年（一九六〇）から沖縄・名護などを基地に座頭鯨漁がおこなわれたが、乱獲による減少で昭和三九年（一九六四）には終了している。

台湾南端沖（海区一六）も座頭鯨の漁場で、大正九年（一九二〇）から操業されたが、第二次大戦の終結で終了している。

第九章　近代捕鯨業時代後期

近代捕鯨業時代後期の始まりは、南極海への出漁が開始された昭和九年（一九三四）である。この時期は、ノルウェー式砲殺法による沿岸砲殺捕鯨が鯨の減少によって先細りになっていくのに対し、南極海や北太平洋などの極洋でおこなわれる工船型ノルウェー式砲殺法（いわゆる母船式捕鯨）の操業が担う役割が大きくなっていった。とくに南極海での捕獲頭数がピークに達した昭和三〇年代後半頃が、日本の近代捕鯨業の最盛期である。

しかしその後は、鯨の減少に伴って捕獲対象、頭数ともに減少の一途を辿り、昭和五七年（一九八二）の国際捕鯨委員会（ＩＷＣ）での商業捕鯨の全面的一時停止（モラトリアム）の決議に従い、日本は昭和六三年（一九八八）に商業捕鯨から撤退する。この年を近代捕鯨業時代（近代後期）の終わりとする。

1　極洋への出漁

ノルウェー式砲殺法の導入は、日本国内における鯨の捕獲量を飛躍的に増大させた。しかし昭和初期までに、当時の植民地を含めた国内の捕鯨漁場はほぼ開発され尽くし、捕獲頭数も限界に達したばかりか、漁場によっては減少傾向が顕著になっていた。そうしたなかで日本でも、鯨の最後の楽園と呼ばれた南極海への出漁が企画される。

南極海では、ノルウェー人ラルセンがアルゼンチン資本の捕鯨会社を興し、一九〇四年に南ジョージア島に基地を置いてノルウェー式砲殺法による捕鯨を始めている。その後ノルウェーの捕鯨業者は、南極周辺の島嶼を支配するイギリスの規制を免れるため、船で鯨の解体・加工をおこなう近代的な捕鯨工船の導入を図る。初期の工船は船外で鯨を解体し甲板上で加工したが、この形態では沿岸の波静かな流氷帯の縁を利用して操業しなければならないため、イギリスの干渉を余儀なくされた。しかし一九二四年には、スリップウェーという斜路を船尾に設け、そこから鯨をウインチで船上に引き上げて解体するタイプの工船が登場し、陸地と関係なく操業をおこなえるようになった（「世界の捕鯨制度及びその背景」）。また水素添加法による鯨油硬化技術が一九〇七年頃から普及した事で、蝋燭や石鹸、食用脂肪など鯨油の利用範囲が広がり、第一次大戦時には爆発物の材料であるグリセリンの原料としての用途が拡大するなど、鯨油の需要は増大の一途を辿った。

日本では昭和九年（一九三四）に、日本捕鯨（のちの日本水産）がノルウェーから購入した捕鯨工船・図南丸とノルウェー式砲殺捕鯨船五隻からなる船団を、南極海に初めて送り出している。その後昭和一一年（一九三六）には大洋捕鯨の日新丸船団も出漁し、昭和一三年（一九三八）には極洋捕鯨も参加し、日本からは六船団が南極海や北部太平洋に出漁するまでになった。戦前の工船型ノルウェー式砲殺捕鯨の特徴は鯨油生産の比重が高いことで、昭和一二／一三年漁期（一九三七／三八）に南極海に出漁した大洋捕鯨の第二日新丸船団は、白長須鯨七一八頭、長須鯨五一八頭、座頭鯨六〇頭の計一二九六頭を捕獲し、鯨油の生産は一万五三九四トンに達しているが、赤身肉の生産は九二〇トンと少ない（『大洋漁業捕鯨事業の歴史』）。これは南極海捕鯨で得た鯨肉を日本国内へ持ち帰ることが規制されていたためでもあるが、当時鯨油は貴重な輸出品であったことが大きい。

しかし昭和一六年（一九四一）一二月の太平洋戦争の勃発とともに、捕鯨船団を南極海に派遣することは不可能になったため、戦前の工船型ノルウェー式砲殺捕鯨は昭和一五／一六年漁期（一九四〇／四一）の出漁で終わる。戦時中、大型の砲殺捕鯨船は日本近海の捕鯨に転用されたり、軍に徴用されて輸送や哨戒などの任務にあたったが、戦争で被害を蒙る船も少なくなく、六七隻が沈没し、終戦直後どうやら使用に耐え得たのは二六隻に過ぎなかったという（『世界の捕鯨制度史及びその背景』）。一方、捕鯨工船も大型で鯨油を搭載する油槽を備えているため、タンカーの用途などで徴用されたが、戦前就航していた五隻が沈没・解体の憂き目にあっている（第三図南丸は戦後、引き揚げられて復活を果たしている）。

戦後の昭和二〇年（一九四五）には、いちはやく英国とノルウェーが九船団を南極海に送り、南極海

調査母船として用いられた捕鯨工船・日新丸

捕鯨が再開される。敗戦国である日本も、同年一一月には小笠原での工船型ノルウェー式砲殺捕鯨が占領軍総司令部（GHQ）に許可され、翌昭和二一年には二船団が南極海に向かっている。このように戦後まもなく日本の南極海捕鯨が復活した理由は、深刻な食料不足に悩む国民に鯨肉を供給するためだった。昭和二一／二二年漁期（一九四六／四七）に南極海に出漁した第一日新丸船団の記録をみると、白長須鯨三九六頭、長須鯨二八九頭の計六八五頭を捕獲し、鯨油八五六〇トンのほか、赤肉八五五八トン、皮・畝・須の子二九四〇トン、尾羽一一二トンなどを生産している（『大洋漁業捕鯨事業の歴史』）。

昭和三〇年代から四〇年代初頭にかけて、日本やノルウェー、イギリス、ソ連の船団は「捕鯨オリンピック」と呼ばれる捕獲競争を繰り広げるが、その中で日本は昭和三四／三五年漁期（一九五九／六〇）には白長須換算（後述）の捕獲頭数でノルウェーを抜いて一位に躍り出る。日本捕鯨船団は昭和三五／三六年漁期（一九六〇／六一）には最大の七船団となり（昭和三九／四〇年漁期まで）、当漁期には白長須鯨の捕獲頭数が最大の一一四四頭に達している。さらに昭和三六／三七年漁期（一九六一／六二）には白長須換算の捕獲数で最大の六五七四頭分余りに達し、昭和三九／四〇年漁期（一九六四／六五）には、南極海で過去最高の頭数である一万八二五九頭の鯨を捕獲している（竹内賢士氏調べ）。この昭和三〇年代後半の時期を日本の近代捕鯨業時代の最盛期と見なすことができる。しかし後述するように、この時期に南極海の鯨の生息数は急速に減少していたのである。

2 南極海での操業

南極海における日本の工船型ノルウェー式砲殺捕鯨の草創期の操業については、大村秀雄氏が昭和一二／一三年漁期（一九三七／三八）における第二日新丸船団の様子を克明に記した日誌『南氷洋捕鯨航海記』（粕谷俊雄氏編）に詳しく紹介されている。

大村氏が監督官として乗り組んだ大洋捕鯨所属の第二日新丸は、昭和一二年（一九三七）六月に神戸の川崎造船所で進水した、総トン数一万七五三三トン、全長一六四メートル、幅二三メートルの捕鯨工船で、鯨油を生産するためのボイラーや、骨や肉から肥料を製造する機械などを備えていた。随伴するノルウェー式砲殺捕鯨船は、利丸（二九三トン、七九〇馬力）、第二利丸（同前）、第三利丸（二九八トン、七九〇馬力）、第五利丸（同前）、第六利丸（二九七トン、八七〇馬力）、第七利丸（同前）、第八利丸（同前）、第九利丸（同前）、関丸（二九七トン、七一〇馬力）の九隻だが、前八隻は蒸気機関、関丸はディーゼル機関搭載で、世界最初のディーゼル搭載砲殺捕鯨船とされる。

第二日新丸は急造されたためか一〇月八日の出港式後すぐに神戸港を出港できず、一四日に漸く出港する。しかも不運は続き、奄美大島東海域まで南下したところで突如陸軍に徴用されてしまう。なんと上陸作戦用の艀（はしけ）を積んで、日華事変で激戦が続く上海まで移送するためだという。ともかく二二日には神戸港に入港し、甲板に艀を積んで二六日には上海付近に到着し、艀を引き渡している。そのあと台湾東岸を南下し先行した四隻の砲殺捕鯨船と合流している。他の砲殺捕鯨船は先発した大洋捕鯨のもう一つの船団（日新丸船団）と行動を共にしていた。船団はフィリピンの西側からボルネオ島とセレベス島の間を通り、ロンボック海峡を抜けてインド洋に出、一一月一二日にオーストラリア西岸のフリーマントル港に入港した。暫く休息したあと一五日には出港し、一路南極海を目指している。

日新丸船尾のスリップウェー

南極海ではおよそ東経八〇度から一二〇度にかけての南緯六〇度以南の海が操業海域で、一一月二四日に漁を始めている。砲殺捕鯨船による捕獲は概ね好調で、一日に二〇頭を越える漁獲を上げる日もある程だったが、肝心の工船の加工機械に故障が相次いだため、鯨油生産の重要な部位である鯨骨の多くを捨てねばならず、主要な製品である鯨油の生産量は予想を下回っている。当時鯨肉は、沿岸捕鯨を圧迫しないように、申請がない分は国内持ち込みが認められておらず、また肉や骨を原料にした肥料の生産機械も調子が悪かったこともあり、多くの部位を捨てざるを得なかった。しかしその後、大洋捕鯨の両船団に九二〇トンの鯨肉持ち帰りが認められたため、大洋丸や播州丸などの冷凍運搬船が鯨肉を受け取りに来ている。南極海上で迎えた昭和一三年（一九三八）の正月も、数時間祝っただけですぐさそく作業にかかっている。一月二三日には、それまで生産した鯨油をチャーターしたタンカーに引き渡している。

当時、南極海ではノルウェーなど各国の捕鯨船団が操業しており、日本からも他に日新丸、図南丸、第二図南丸船団が出漁していた。なお第二日新丸船団の砲殺捕鯨船の砲手にはノルウェー人が多く雇われていた。作業は危険と隣り合わせで、解体・加工作業も捕獲頭数の増大とともに長時間の重労働となったため、作業員の疲労も増大し、ワイヤーに跳ね飛ばされるなどの事故や、風邪や赤痢で亡くなる者もでている。このような過酷な操業を経て、三月一七日の切り上げまでに、第二日新丸船団は一二九六頭の鯨を取り、鯨油一万五三九四トンを生産している。

船団は帰路の三月二六日、再びフリーマントル港に入港し、そのあと第二日新丸は喜望峰を経由して五月一六日にオランダのロッテルダムに入港して鯨油を下ろしている。当時、朝鮮半島北部などで生産されていた鰯油を圧迫しないよう、鯨油の国内搬入が認められていなかったからだが、鯨油は貴重な外貨獲得の手段でもあったのである。

第二次世界大戦で極洋への出漁が不可能になった工船型砲殺捕鯨に対し、沿岸砲殺捕鯨は大戦中も継続したが、日本人船員の多くが召集されたため、代わって朝鮮半島出身者が多数乗船している。しかし砲殺捕鯨船自体も徴用されたり損害を受けたため、漁は先細りとなっている。

戦後、敗戦によって千島や朝鮮などの漁場は失われたものの、食糧確保のためいち早く捕鯨業は復興する。大型鯨を対象とする沿岸砲殺捕鯨に携わる捕鯨船数は昭和二七年（一九五二）には四二隻まで増加し、昭和三五年（一九六〇）頃までは三一隻から三七隻の間を推移し、その後減少する。一方、捕獲頭数は昭和四三年（一九六八）までは増加し、捕獲トン数も昭和四五年（一九七〇）に二万七〇〇〇トン（日本の総捕獲量の一二％）で最高に達している。しかし鯨の数の減少によって、昭和三九年（一九六四）には白長須鯨、翌四〇年には座頭鯨、昭和五〇年（一九七五）には長須鯨の捕獲が禁止される。そして昭和六二年（一九八七）には日本捕鯨、日東捕鯨、三洋捕鯨の三社が撤退し、大型沿岸砲殺捕鯨は中止となっている。

一方で、一部地域を除いてこれまであまり捕獲されてこなかった、ミンク鯨などの小型鯨を対象とする沿岸砲殺捕鯨が、戦時中から盛んになっている。小型沿岸砲殺捕鯨は昭和二二年（一九四七）には許可制となり、船のトン数は三〇トン未満（昭和四二年に四七・九九トン未満に修正）に制限され、大型鯨の捕獲が禁止されるなどの条件整備がなされた。その際八六隻が許可を得ており、捕獲数も昭和二六年（一九五一）から四二年（一九六七）の間は年間一〇〇〇頭ほどで安定している。しかし次第に大型沿岸砲殺捕鯨に太刀打ちできなくなり、政府が廃船になった小型砲殺捕鯨船の分のトン数をまとめて大型砲殺捕鯨船の枠として振り分ける政策を取ったこともあり、昭和三六年（一九六一）には小型砲殺捕鯨船の隻数は二三隻まで減少し、昭和四四年（一九六九）以降は網走、鮎川、和田、太地などの拠点に合わせて七〜九隻の小型砲殺捕鯨船が登録されるだけになっている。

4　沿岸小型砲殺捕鯨の操業過程

佐賀県唐津市呼子町は、古式捕鯨業時代には西海の主要捕鯨漁場だったが、明治四一年（一九〇八）からは小川島捕鯨株式会社がノルウェー式砲殺捕鯨をおこなう他地域の会社と共同操業の形で大型鯨を捕獲し、その漁期の前後に小川島捕鯨株式会社が単独で、銃殺法により大型鯨やミンク鯨を捕獲した。さらに昭和一〇年頃からは小型動力船に前田式五連装砲やノルウェー式小型捕鯨砲を搭載してミンク鯨を捕獲している。終戦直後に大型沿岸砲殺捕鯨が終了した後は、ミンク鯨を対象とする個人経営の小型沿岸砲殺捕鯨が盛んになる。ここでは筆者が聞き取りをおこなった呼子町小川島の小型砲殺捕鯨船・幸福丸の操業を紹介する。

幸福丸は総トン数一九トンの木造船で、口径五〇ミリのノルウェー式捕鯨砲を船首に一門搭載していた。当時、小川島や呼子、鎮西町名護屋を基地にしていた小型砲殺捕鯨船は、対象とする鯨種からミンク船と呼ばれていた。漁期は一一〜一二月頃から翌五月までで、盛漁期は三〜五月である。幸福丸には船長、漁労長（兼砲手）、機関長、トップ（マストの上の見張り）に三名、ブリッジに五名の計一一名が乗り組み、漁労長が漁についての判断を下した。

漁場は小川島北方の壱岐水道で、朝、小川島を出て、夕方には帰ってきた。トップの見張りは一時間半～二時間交代だが、イオ（鯨）を発見すると「突出！」と叫んだ。鯨が潜るのを見ると、その際にできるリング（泡の輪）の崩れ方を観察して、鯨の進路を検討づけて船を進めた。鯨が浮上してくる時、水中に輪郭やタッパ（尾鰭）の白い色が見えるが、それを確認すると見張りは「色だ！」と警報を出す。それが確認できれば取ったも同然で、砲撃のために船の速力を落とす。鯨がどちら側のどの方向（何時）にいるか、トップからブリッジを経由して伝声管で伝えられると、砲手は砲を構えた。鯨は真トップ（正面）にあるより、鯨と船が「イ」の字になるようにつけるのが当て易かった。鯨が浮上すると機関をスタンバイにして砲手が発砲したが、命中すると「当たったー」という歓呼の声に包まれた。ミンク鯨は小さいので銛先には火薬を入れなかった。一発目はどこに当ててもよかったが、鯨体を確実に保持するために直ぐに二発目を撃ち込んだ。取った鯨はタッパを船首側に括り、船腹に横抱きにして帰った。その際タッパの片方を切って、カケミといってブリッジの船玉様（船の神様）の前に掛けて供えた。

小川島でのミンク鯨の解体（塩見ユクヱ氏蔵）

解体は、小川島の鎮守である田島神社の前にあったスロープでおこなった。乗組員と家族がブロック（滑車）を使いロープを引っ張って鯨を曳き上げたが、見物にきた島民も手伝った。しかし小型捕鯨の解体でカンダラ（盗み）をする者はいなかったという。解体は乗組員が大切包丁を使ってあたり、そのあと乗組員の奥さん達が骨についているハギハギという肉を二～三日かけてこそぎ取った。鯨肉は大方船主（会社）のものとなり、販売した代金で乗組員に給料を支払ったが、若干の鯨肉はシャーイオ（菜魚）といい、奥さん達がおかず用に貰って帰り、それを親戚や近所に少しずつ配った。また内臓なども、奥さん達が鰯製造の大釜を使って茹で物にして売ったという。

呼子周辺を基地とするミンク船の捕鯨も昭和三六年（一九六一）には終わりを迎え、長い歴史を持つ呼子漁場の捕鯨の歴史は幕を閉じた。

5　近代捕鯨業時代の鯨食文化

鯨肉需要の推移

ロシアの砲殺捕鯨船による朝鮮近海での操業が盛んになった明治二〇年代後半から三〇年代前半にかけては、ロシア船が鯨肉を輸出した長崎が鯨肉の集散地として栄える。国内でノルウェー式砲殺捕鯨が始まった後の明治四五年（一九一二）頃の主要な鯨肉取引地と金額を見ると、博多（年間六五万円）、下関（四五万円）、大阪（三五万円）、兵庫（二〇万円）などで、その他の名古屋、和歌山、三津浜、唐津などで併せて一五万円の取引があったという（「我国に於ける鯨体の利用」）。例えば古式捕鯨業時代に鯨肉の集散地だった彼杵（そのぎ）（長崎県東彼杵町）では、以前は五島・五島灘などから大村湾を経由した舟運で鯨肉を入手し、そこからは鯨商が陸路で佐賀県南部などに売り歩いていたが、ちょうど五島や生月（いきつき）島の網掛突取捕鯨が終焉を迎える時期の明治三一年（一八九八）に鉄道が開通した事で、ノルウェー式砲殺捕鯨で生産された鯨肉が鉄道で送られるようになり、流通と周辺地域の鯨肉消費を継続させている。

国内の鯨肉出荷量は極洋での捕鯨が始まる前の大正一二／一三年（一九二三／二四）頃には年間一万トン程度だったが、極洋から冷凍鯨肉が入るようになった一九三九年度には四万五〇〇〇トンになっている。この年の国民一人当たりの肉類年間摂取量は僅か二・四キロで、そのうち鯨肉は〇・三キロ（一三％）に過ぎなかった。戦後いち早く再開された沿岸や南氷洋の捕鯨は大量の鯨肉を供給するようになり、一九四六年度には五万五〇〇〇トンと早くも戦前の水準を越え、翌四七年度には八万二〇〇〇トンに増加する。国民一人当たりの年間肉類摂取量に占める鯨肉の割合も、一九四六年度に三三％（肉全体〇・九キロのうち鯨肉〇・三キロ）、四七年度には四六％（肉全体一・三キロのうち鯨〇・六キロ）に増え、一九六三年度までは概ね三〇％前後を占めているが、南極海での操業がピークに達した一九六二年度の一人当たり鯨肉消費量は最大の二・四キロに達している。

しかし一九六三年度以降、鯨肉摂取の割合・摂取量はともに低下に転じる。一九七七年度の一人当たり年間肉類消費量は四六年度の三二倍にあたる二八・六キロに達しているが、鯨肉は〇・七キロ、僅か三%のシェアにまで下がっている（「日本の沿岸捕鯨」）。このデータは牛、豚、鶏など他の食肉の需要の飛躍的な増大に対し、鯨肉の需要が低迷している状況を示しているが、南極海での捕鯨の縮小の影響もあると考えられる。

旧捕鯨地・生月島の鯨食文化

江戸時代に日本最大の鯨組（くじらぐみ）・益冨組（ますとみ）の本拠地だった生月島（長崎県平戸（ひらど）市）では、明治三〇年頃に地元での継続的な捕鯨が終了した後、鰯を取る巾着網が興り、昭和初期には網船が動力化して遠洋まき網の形態に発展し、捕鯨に代わる基幹産業となっている。大規模漁業経営のノウハウには捕鯨業の経験が活かされているが、同時に鯨料理の伝統も継承されている。

昭和二〇年代にはウラ（浦）と呼ばれる海村集落に鯨肉を売る店（鯨屋）が何軒かあり、冷凍鯨や塩鯨を売っていた。鯨屋の奥さんは、テボに鯨肉を入れて天秤棒で担ぎ、イナカ・ザイ（在）と呼ばれる農村集落で鯨肉を売って回った。顔なじみの家だと留守でも勝手口から入り、掛け売りの鯨肉を置いていくこともあった。他に一般の商店でも冷凍鯨肉を普通に販売していた。また生月島からは、明治〜昭和初期に平戸瀬戸でおこなわれていた銃殺捕鯨で働く人が多く出たが、鯨が取れると歩合でたくさんの鯨肉を貰い、それを親戚や知人に配っていた。

鯨料理は日常の他、様々な行事でも食べられた。生月島で継承されているかくれキリシタン信仰の一般的な行事では、オラショという祈りを唱えた後で酒肴をいただく。その時の肴（セシ）には普通は魚の刺身が出されるが、漁が下火になる夏場にはユガキモンと呼ばれる塩蔵（えんぞう）の皮身を薄く切って茹

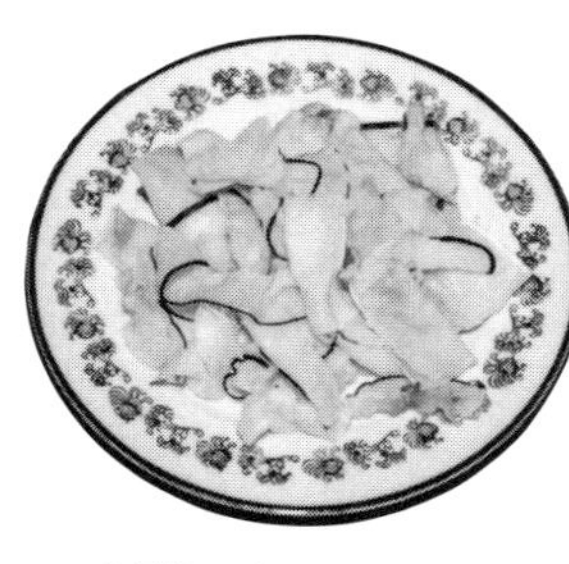

生月島で食べられている
皮身のユガキモン

でたものが出された。酒肴が出ると「申し上げ」という短い祈りを唱えてからいただいたが、こうした酒肴は組で祀られる御神体にも供えられた。また酒肴に続いて御飯や汁が出る時には膾（なます）も出されるが、それにも大抵細く切った皮身が入っていた。この膾は、祝い事は二カ所、不幸事・供養には一カ所に盛るというしきたりがあった。

また元触（もとふれ）集落では昔は祝儀（結婚式）を家でおこなっていたが、その時には近隣の若衆がホカ（前庭）に来て嫁の事を誉めるしきたりがあった。その時にタリツリといって、座敷から酒や、肴を盛ったシンカンザラ（大皿）を棒に吊ってやってホカの若衆に渡したが、その時の肴も大抵ユガキモンだった。また元触では家建ての祝いの時は必ず鯨料理が出された。幸いが大きくなるようにという縁起担ぎだという。壱部（いちぶ）・壱部浦集落の鎮守・白山神社で年末に開かれる氏子総代会では、昔から必ず鯨の煎焼が出た。また大晦日の晩にも大きなものを食べると良いと言われ、鯨の煎焼をよく食べた。正月のおせち料理の中には百尋（ひゃくひろ）（腸をゆがいたもの）やマメワタ（腎臓をゆがいたもの）を入れた。今は高級品になってしまったが、せめて正月くらいと入れている家も多い。

生月島で食べられてきた鯨料理には次のようなものがある。

①煎焼（いりやき）・ジリジリ

肉と様々な野菜を一緒に炒めそのまま煮込んだ料理で、見た目も味も現在の鋤焼（すきやき）と同じである。使う肉は鶏肉や大羽鰯、鯖の場合もあったが、鯨肉が入手しやすかった頃には鯨のイリヤキがよく作られた。皮身と赤身を一緒に入れるため、脂分のある皮身も赤身がよく残っているものを使った。食べ終わる頃に饂飩（うどん）を入れて食べる事が多い。

②ユガキモン
塩蔵皮身を薄く切って茹でたもの。塩蔵皮身は保存が利くため、生魚が獲がたい夏などに酒の肴として重宝され、現在でもお祝いの席によく出る。他に百尋やマメワタを茹でて出す場合もある。

③鯨膾（なます）
酢と酒を合わせた中に皮身を薄く細く切ったものを入れ、大根や人参を千切りにして和えた。現在でもよく食べられる料理である。なお鯨の有無にかかわらず、祝いの席の膾には人参も入れるが、葬儀・法事は皮身と大根だけだった。

④ヒジキ
ヒジキを炊く時には、最初に皮身をいためて油を出し、その油でヒジキを炒めると味が全然違うという。しかし最近は、ヒジキを油で炒めてから皮身を入れる人が多い。

⑤煮膾（になます）大根

最初に皮身を炒めて油を出し、大根、人参を炒め、砂糖、醤油で味付けし、最後に卵でとじ、上から葱を散らして出来上がり。

⑥鯨の和えもの（味噌和え）
皮身と生の大根の千切り、茹でたイカを味噌で和えた。

⑦鯨カレー
最初に皮身を炒めて油を出し、それで野菜を炒め、練り物（魚肉の天麩羅）を入れカレー粉を溶いて作った。なつかしい味だという。

⑧鯨汁
昔ながらの鯨汁は澄まし汁で、アゴ出汁の汁を煮立ててから生の皮身を入れ、アオサなどを入れた。いわゆる鯨のアオサ汁である。今は味噌仕立ての鯨汁も食べる。

⑨鯨の竜田揚げ
生姜と玉葱を擦ったものを砂糖と酒と醤油に入れ、それに厚く切った赤身肉を漬け、片栗粉をつけて揚げた。生月島舘浦（たちうら）の大阪屋という店が昔売っていたが、とても美味しかった。

⑩焼鯨
塩蔵の赤身は焼いた後、鉢に入れお茶をかけて塩抜きしてから御飯に乗せて食べた。また塩蔵皮身を薄切りにし、火鉢の上の金網で表面を焼いたのをよく酒の肴にした。

⑪刺身
昔は塩蔵皮身を薄く切り、そのままで味噌を付けておかずにした。今は冷凍した生の赤身は醤油をつけて、生の皮身は味噌をつけて食べる。

このように生月島では昭和後期になっても家々で様々な鯨料理が食べられていた。それを支えたのが近代捕鯨業で、地元の漁場からの鯨肉の代わりに、北日本や極洋などからの鯨肉が流通した事で鯨食文化が継承され、さらに鯨カレーのように新たな鯨料理も普及している。しかし商業捕鯨中止の影響と思われるが、一九八七年頃を境に島内の店頭から一斉に鯨肉が消え、その後は鯨肉は日常食ではなく、正月など特別な行事の時に食べられる食材になっていったのである。

6 捕鯨の制限

ノルウェー式砲殺法の導入で順調に発展してきたかにみえた近代捕鯨業も、次第に乱獲による鯨の減少という壁につきあたっていく。

「世界の捕鯨制度史及びその背景」によると、南極海の捕鯨が開始された当初には、領土問題と関連してイギリスがノルウェーの捕鯨船団に入漁規制をかけたこともあるが、鯨資源の減少防止という見地に立つ規制の最初のものとしては、ノルウェーが一九〇三年に沿岸部において翌年から一〇年間の捕鯨を禁止した鯨保護法がある。その後の一九二九年にノルウェーが制定した鯨保護法では、既に減少著しかった背美鯨(せみ)の捕獲禁止、未成熟鯨や子持ち母鯨の捕獲禁止、捕獲対象の体長制限、鯨体の完全利用などが定められている。

一九三一年には国際連盟主催のもと、英国とノルウェーを含む八カ国が、さきのノルウェーの鯨保護法を骨子としたジュネーブ条約に署名し、同条約は五年後に発効する。しかし新たに南極海捕鯨に参入した日本やドイツ、ソ連は同条約を批准していなかった。そのため昭和一二年(一九三七)にはイギリスの主催によりロンドンで捕鯨会議が開催され、新たな国際捕鯨協定が成立している。この協定では、背美鯨に加えて克鯨(こく)も禁漁となったほか、未成熟鯨や子持ち母鯨の捕獲禁止、体長制限や完全利用など先の条約と共通する内容に加え、南極海の漁期制限、沿岸砲殺捕鯨の操業期間の制限、工船型砲殺捕鯨の髭鯨類に対する禁漁区の設定などを定めている。しかし日本は、捕鯨先進国が乱獲して資源量を減らしたのに、捕鯨後発国である我が国が協定への加入で損をするのはおかしいという意見で、会議には出席しなかった。だが翌昭和一三年(一九三八)の国際捕鯨会議には日本も代表を出席させ、北洋における工船型ノルウェー式砲殺捕鯨の操業に関する条件の保留などをつけた上で正式加入の準備に入る。しかし第二次大戦が勃発したため加入は実現しなかった。

　戦後の昭和二一年（一九四六）、鯨の乱獲を防ぎ、鯨資源の有効、適切な保存と増大をはかり、捕鯨産業の秩序ある発展を目的とし、一五カ国が署名した国際捕鯨取締条約（ＩＣＲＷ）が締結され、昭和二三年（一九四八）には条約を推進する機関として国際捕鯨委員会（ＩＷＣ）が設置される。この条約に日本も昭和二六年（一九五一）に加盟している。

　初期のＩＷＣは、鯨資源の適切な管理という条約の主旨の遵守より、各国の捕鯨利害の調整に重きを置く場の観があった。たとえばＩＷＣが当初捕獲枠を設けたのは南極海の髭鯨類だけで、その換算法は一九三〇年代に始まった「白長須換算（ＢＷＵ）」だった。この方法は鯨類最大種の白長須鯨を基準に、他の鯨種は何頭で白長須鯨一頭分にあたると置き換えるもので、長須鯨は二頭、座頭鯨は二・五頭、鰯（いわし）鯨は六頭で白長須鯨一頭分と換算され、その上で年間の総捕獲量を白長須換算一万六〇〇〇頭分と決めていた。その中で最大種の白長須鯨は一回の捕獲行動で済むため、特に乱獲されることとなった。

　昭和二八年（一九五三）のＩＷＣ第五回総会では、髭鯨の減少に鑑み捕獲総枠を白長須換算一万五五〇〇頭（五〇〇頭減）とし、白長須鯨の解禁日を長須鯨の一月二日より遅らせ一月一五日にしている。さらに昭和二九年（一九五四）の総会では、北大西洋と北太平洋東部の白長須鯨と座頭鯨の禁漁と、南極海の一部を禁漁区とする提案がなされたが、デンマーク、アイスランドなどの捕鯨国の反対で葬られる。さらに昭和三〇年（一九五五）の総会で、一九五八／五九年漁期の総捕獲枠を白長須換算一万五〇〇〇頭まで減らす提案が出されるが、日本、イギリス、ノルウェー、オランダなど主要捕鯨国の反対で廃されている。このようにＩＷＣの中で資源を適切に保護・管理しようとする動きは、日本を含めた捕鯨国の目先の利益追求のため失敗に終わるが、結果的に一九五〇年代後半以降、南極海での捕獲対象鯨の減少が顕著となる。

昭和三五年（一九六〇）のＩＷＣ総会では南極海捕鯨非出漁国または国際政府機関の科学者に主要鯨類資源の評価を依頼する事が決められ、「三人委員会」が設立され、同委員会の報告に基づきＩＷＣは昭和四一年（一九六六）に白長須鯨と座頭鯨の全面禁漁を決定する。さらに昭和四五年（一九七〇）のＩＷＣ総会では白長須換算に代わる鯨種別規制や国際監視員制度の導入が決定されている。他方、昭和四六年（一九七一）には、これまで小さくて捕獲対象とされていなかった南極海のミンククジラに対する調査を兼ねた試験操業が開始され、本格的な操業へと繋がっていく（『クジラを追って半世紀』）。

そうしたなか、鯨油生産が主体の捕鯨をおこなってきた欧米では、マーガリンなどの原料に植物油が用いられるようになった事で鯨油需要の将来性が縮小した事もあって、イギリスが一九六三年に、オランダが六四年に、ノルウェーが六八年に南極海の工船型ノルウェー式砲殺捕鯨から撤退している（「国際捕鯨取締条約の加盟国とその変遷」）。その結果、南極海で捕鯨をおこなっている国は日本とソ連だけとなる

昭和四七年（一九七二）ストックホルムで開かれた国連人間環境会議では、鯨類全体の急速な減少に歯止めをかけるべく、商業捕鯨の一〇年間禁止勧告が決議される。この直後に開かれたＩＷＣ第二四回総会は環境会議の流れを受けてアメリカから全面禁止案が出されるが、ＩＷＣ科学委員会では科学的正当性が無いと判断され、総会でも否決されている。この年以降、ＩＷＣでは鯨類資源の新管理方

式が成立する（一九七五年）など鯨類保護の姿勢を強くしていくが、各種鯨類の減少は続く。

昭和五一年（一九七六）はＩＷＣ参加国で非捕鯨国が捕鯨国の数を超えた年である。この年日本では、大洋、日水、極洋など大手六社の捕鯨部門が統合し日本共同捕鯨株式会社が設立され、三船団を送り出しているが、同じ年に南半球の長須鯨は捕獲禁止となっている。昭和五三年（一九七八）には南半球の鰯鯨が捕獲禁止となり、同年二月に共同捕鯨は三隻の捕鯨工船のうち二隻を廃船にする決定を下している。

昭和五六／五七年漁期（一九八一／八二）には、全世界でミンク鯨一万六三三頭、抹香鯨一三二〇頭、長須鯨七〇一頭、鰯鯨一〇〇頭、ニタリ鯨七九三頭、それにエスキモー（イヌイット）などに許される原住民生存捕鯨分として克鯨一七九頭、北極鯨一七頭、座頭鯨一〇頭、合計一万三七五三頭の捕獲枠が設けられている。しかしその後も捕獲数は年々減らされ、昭和六〇／六一年漁期（一九八五／八六）には計六八七三頭になっている。

そして昭和五七年（一九八二）、イギリスのブライトンで開かれたＩＷＣ第三四回総会で、三年後の昭和六〇年（一九八五）に商業捕鯨を全面的に一時停止するセイシェルの提案（商業捕鯨モラトリアム）が採択されるに至る。日本はいったん異議を申し立てたものの、自国の二〇〇海里内での日本漁船の漁獲枠縮小をちらつかせるアメリカの圧力に屈して取り下げる。この政治的決定はその後の管理捕鯨時代の日本捕鯨のあり方を規定するものとなったが、結果として日本は、昭和六二年（一九八七）三月までに南極海から、翌六三年三月までに日本沿岸の商業捕鯨から撤退する事となる（ただしＩＷＣ管轄外とされる槌鯨、ゴンドウ鯨を対象とした国内の小型沿岸砲殺捕鯨は継続した）。

第十章　管理捕鯨時代

管理捕鯨時代の始まりは、一九八二年の国際捕鯨委員会（ＩＷＣ）での商業捕鯨の全面的一時停止（モラトリアム）決議に従い、日本が商業捕鯨を中止した昭和六三年（一九八八）であり、現時点（令和元年）も進行中と捉えられる。これによって国際捕鯨取締条約（ＩＣＲＷ）加盟国では、先住民が伝統的におこなってきて、こんにちもその社会・文化・栄養の維持に欠くことの出来ないとされる捕鯨（先住民生存捕鯨）以外の大型鯨に対する捕鯨は禁止されることになった。

かたやこの時代を、近代捕鯨業時代の延長とする捉え方もあると思う。近代捕鯨業は、資本主義の論理に従い企業（株主を含む）の利益の最大化を目的としてきたが、その手段であるノルウェー式砲殺法の高い効率は、鯨の頭数を回復限度を越えて減少させ、その結果、捕鯨業自体が停止に追い込まれることになった。無制限な利益の追求は、環境というファクターによって抑止されるようになり、環境に対する配慮無しにはいかなる産業も（そして人類の存在自体も）成立し得ない事が認識されるようになったのである。そうした認識を前提に捕鯨のあり方を考えなければならなくなったのが、管理捕鯨時代だと捉えたい。

この時代の平成三一年年頭時点までの捕鯨は、①南極海と北西太平洋での商業捕鯨の再開を企図した、工船型ノルウェー式砲殺法による調査捕鯨、②日本列島沿岸でのＩＷＣ管轄外とされる小型鯨を対象とした沿岸型ノルウェー式砲殺法による商業捕鯨（併せて調査捕鯨）、③「混獲」にカテゴライズされる兼業形態の定置網捕鯨などである。

1　持続的な捕鯨の追求

まだ南極海の商業捕鯨が継続していた一九七五年、ＩＷＣは捕鯨の新管理方式を完成させている。これは資源量から導き出された最大持続生産量以内で捕獲をおこなっていくという考え方に基づいているが、資源量（鯨の生息数）のデータが無い事もあって適用されなかった。

一九八二年の商業捕鯨モラトリアムの規定では、包括的評価に則り新たな捕獲枠設定を検討する事になっていたため、ＩＷＣ科学委員会は新たな捕獲枠算定方式である改訂管理方式（ＲＭＰ）の開発を試み、一九九四年に同方式はＩＷＣの全会一致で採択される。しかしＲＭＰでは不十分な捕獲枠の遵守などを担保する目的で、改訂管理制度（ＲＭＳ）を作る方針が同時に決定されている（二〇〇六年に作業は中断）。

日本政府はモラトリアム受け入れの後、国際捕鯨取締条約（ＩＣＲＷ）第八条第一項にある「この条約の規定にかかわらず、締結政府は、同政府が適当と認める数の制限及び他の条件に従って自国民のいずれかが科学的研究を目的として鯨を捕獲し、殺し、及び処理することを認可する特別許可書をこれに与えることができる。またこの条の規定による鯨の捕獲、殺害及び処理は、この条約の適用から除外する」という条項に則り、新たな捕獲枠の設定を根拠付けるためのデータ収集を目的に、南極海でのミンク鯨の生態調査に着手する。日本政府からの委託を受けた財団法人・日本鯨類研究所は、南氷洋や北洋で工船型ノルウェー式砲殺法によるミンク鯨の捕獲を含む調査捕鯨を実施する。昭和六二／六三年期（一九八七／八八）から平成一六／一七年期（二〇〇四／〇五）にかけて南極海でおこなわれた南極海鯨類捕獲調査（JARPA）では、一期三〇〇～四〇〇頭前後の捕獲調査が実施され、捕獲した鯨体から年齢や性成熟度、妊娠率などの確認がなされている。こうした内容については非致死的調査による確認が困難だとされているが、調査に必要な捕獲頭数については、当初は科学的根拠に基づいて八七五頭（ミンク鯨八二五頭、抹香鯨五〇頭）だったのを、反捕鯨国の反対に配慮した政治的判断で三〇〇頭に減らした経緯があるとされる（『最近捕鯨白書』）。

一方、IWCでは、一九七二年に可決された、鯨類の保護に関連する諸問題の解決に向けた国際鯨類調査一〇年計画（IDCR）の構想のもと、一九七八年から国際協力調査・南半球ミンククジラの資源評価航海が始まり、日本政府などが調査船を提供する形で目視・標識調査がおこなわれたが、平成二年（一九九一）には南極海を二周した調査成果の評価によって、南極海に約七二万頭のミンク鯨が生息するという算定がされている（その後の成果で下方修正される）。

IWCの商業捕鯨モラトリアム決議の異議申し立てを取り下げた日本に取って、調査捕鯨は、南極海などで工船型ノルウェー式砲殺捕鯨を続ける事ができる唯一の手段でもあった。鯨類調査に長年関わってきた大隅清治氏は、日本の調査捕鯨の目的を、①捕鯨再開のための科学的根拠の獲得、②捕鯨技術の継承と発展、③海洋生物資源の総合的・持続的利用の理論の発展への貢献、④鯨食文化の継承と発展、⑤鯨類についての正しい知識の普及への貢献、にあるとしている（『クジラを追って半世紀』）。①③のように精度の高い科学的調査によるデータの蓄積によって確度を増した資源量から、持続的な捕獲が許容できる頭数を割り出し、ルールを遵守して捕鯨をおこなっていく事は、科学技術が環境や生態系に深刻な影響を与えかねない危険性を有した近代以降の時代においては必要不可欠のものである。一方、②の捕鯨技術の継承や、④の鯨食文化の継承の側面への配慮は、確かに捕鯨を継続していく上で必要なものだったが、これらの要件が、国際捕鯨取締条約に規定された調査捕鯨の目的に該当しない、という反捕鯨国の主張の根拠とされた側面がある。また調査捕鯨で捕獲された鯨の肉、その他の部位を利用する事は認められているが、そうした鯨肉などを販売した収益を調査捕鯨の経費に充てるシステムを取った事で、鯨肉の供給や販売が調査捕鯨の遂行にも影響を与えかねない側面も生じる事となった。

ＪＡＲＰＡⅠの終了後、持続的捕鯨の実現に向けて更に確度の高いデータを得るべく、日本政府は第二期調査（ＪＡＲＰＡⅡ）を計画する。この調査では科学的精度を担保するサンプル数としてミンク鯨の捕獲頭数（採集サンプル数）を八五〇頭前後とし、他の鯨種の状況も把握するため、長須（ながす）鯨、座頭（ざとう）鯨も各五〇頭捕獲する事とされた。しかしこの新たな調査計画は、予備的な調査がおこなわれた平成一九一七／一八年期（二〇〇五／〇六）こそ八五三頭のミンク鯨と一〇頭の長須鯨を捕獲したが、平成一九

／二〇年期（二〇〇七／〇八）以降の本調査では一〇〇～七〇〇頭の捕獲に留まることになる（『日本人とくじら』）。サンプル数減少の最大の原因は環境保護団体シーシェパードによる妨害活動である。

さらに平成二二年（二〇一〇）にはオーストラリアが、日本が南極海でおこなっている調査捕鯨はICRWに違反するという訴えを国際司法裁判所（ICJ）に起こす。被告となった日本は、そもそもオーストラリアが主権の主張をしている範囲を含む南極海での事案について、国際司法裁判所には管轄権が無い事を主張するが、科学的調査を立証するための主張は不十分なものだった。また調査捕鯨の実施や停止が、日本国内の鯨肉の在庫量を考慮しておこなわれているという批判も存在し、平成二四年（二〇一二）一〇月国会の小委員会で当時の水産庁長官が、鯨肉を安定的に供給していくためには南極海での調査捕鯨が必要だと答弁した事など、政治家などによる調査捕鯨の科学的目的性をないがしろにするような発言が海外で報道された事も、日本の主張に不利に働いたとされる。

平成二六年（二〇一四）に出された判決では、訴えに対する国際司法裁判所の管轄権を認めた上で、調査捕鯨の根拠となっているICRW第八条について、締結国には調査を許可する権限があるが、調査が科学的研究の要件を満たしているかについては、締結国の認識のみに委ねられるものではないと判断した。その上でJARPAⅡの目的が科学的調査である事は認めつつも、サンプル数の設定や実際の捕獲数、成果などについては疑問を呈し、JARPAⅡに関して日本政府が発給した特別許可書は第八条に規定する科学的研究を目的とするものではないと結論付けた。

この後日本政府は、平成二六年（二〇一四）四月に、裁判で問題となった調査の科学性の担保などにも配慮した新調査計画案の提出の方針を発表し、同年九月にスロベニアで開催されたIWC会合では、新調査計画の策定を表明したが、反捕鯨国のニュージーランドは調査捕鯨と捕鯨判決に関する決議案を提出し、採択されている。日本政府は同年一一月、ＲＭＰに用いる生態学的情報の精度向上と、南極海での生態系モデル構築を目的に、ミンク鯨三三三頭の捕獲をおこなう新南極海鯨類科学調査（ＮＥＷＲＥＰ―Ａ）の計画を提示し、調査は平成二七／二八年期（二〇一五／一六）から平成三〇／三一年期（二〇一八／一九）までおこなわれる。この調査では先の判決内容を意識し、非致死的方法も取り入れながら、妨害活動に対する代替調査案の策定や、学術面での学術誌への投稿努力の強化や、外国人研究者や国内外の研究機関との連携強化などに取り組むとしているが、この調査計画の検証のためにＩＷＣ科学委員会が設置した専門家パネルは、現計画の致死的サンプリング（捕鯨）の必要性が立証できないと結論付けたとされる（『クジラコンプレックス』）。

平成三〇年（二〇一八）九月にブラジルで開催された第六七回国際捕鯨委員会（ＩＷＣ）で、日本政府は、持続的捕鯨委員会と保護委員会を設置して鯨類の保護・持続的利用の両立を図るＩＷＣの改革案を提案して、立場の異なる加盟国の共存を訴えるとともに、数が多い鯨種に限って商業捕鯨モラトリアムを解除する提案をおこなったが、商業捕鯨につながるいかなる提案も認めないとする反捕鯨国の反対で否決される。この結果から、もはやＩＷＣでは科学的根拠に基づいて鯨の持続的利用が検討される事は無いと判断した日本政府は同年一二月、ＩＷＣ脱退という決断をおこなう。

この決定によって、日本は南極海の捕鯨から撤退する事が確定した。だがこれによって南極海という公海における、鯨の推定生息数から科学的に算出した捕獲頭数に従って操業をおこなう管理捕鯨を構築する試みは頓挫する事となり、また日本が欧米から導入後、鯨肉生産に重点を置いた無駄がない生産体系を確立し、モラトリアム以降も調査捕鯨の形で存続させてきた、日本式工船型ノルウェー式砲殺法のシステムや技量の継承も厳しさを増す事になったのである。

2　捕鯨と環境保護

反捕鯨運動の底流には、欧米で発達した動物愛護思想の興隆がある。中世ヨーロッパではキリスト教が人々の考えを規定していたが、そこには神の信託を受けた人間が、他の全ての生物を支配するという認識が存在した。一八〜一九世紀の欧米捕鯨母工船による全世界の海での鯨の乱獲も、こうした認識と資本主義の論理に拠るものである。

しかし一八世紀に入ると動物の権利についての考察がおこなわれるようになり、一八二四年にはイギリスで動物虐待防止協会が設立され、アメリカでもオーデュボン協会（一八八六年）やシエラ・クラブ（一八九二年）などの環境保護団体が設立されている。環境保護思想は地域に住む動物も含めて保全するという点で、動物愛護思想と繋がる部分がある。

環境保護思想は、捕鯨に対しても近代捕鯨業時代後期頃から大きな影響を与えるようになった。環境保護団体の代表的存在であるグリーンピースは、一九七一年にアラスカ沖での核実験に対する抗議活動が起源だが、一九八〇年にはアメリカの動物愛護団体「地球共存協会」の会長でグリーンピースの活動家でもあったとされるデクスター・ケイトが、壱岐勝本で鰤漁の障害となるという理由で駆除するため入り江に捕えられていた海豚を逃がして逮捕され、日本の裁判所で有罪判決を受けている。グリーンピースは国際捕鯨委員会（ＩＷＣ）においても、非捕鯨国のＩＷＣ加入に関与する事で、一九八二年の商業捕鯨モラトリアムの決議に大きな役割を果たしたとされる。二〇〇五年には、南極海で調査捕鯨に従事する日本の捕鯨船の周辺で、グリーンピースの船が抗議行動をおこない、その際、船が接触したり、活動家が海に転落する事故が起きている。

捕鯨問題に、より積極的に関与してきた環境保護団体が、グリーンピースを脱退したカナダ人ポール・ワトソンが一九七七年に設立したシーシェパードである。同団体は近代捕鯨業だけでなく、デンマーク領フェロー諸島のゴンドウ鯨捕鯨や、カナダ西海岸の先住民マカ族がおこなった捕鯨など、伝統捕鯨の範疇に入る捕鯨に対しても暴力的な抗議活動をおこなっている。

近代捕鯨業に属する捕鯨に対しては、例えば一九七九年に違法な捕鯨活動をおこなっていたキプロス船籍の捕鯨船シエラ号を所属船の体当たりで大破させているが、日本の調査捕鯨に対しても、二〇〇六年から連年、衝突、酪酸瓶の投げつけ、スクリューに絡める目的での縄の投入、レーザー光線の照射などをおこなっており、二〇一一年には深刻な妨害行為によって船員の安全が確保できないという理由で、調査が途中で打ち切られる事態となっている（『神聖なる海獣』）。

なお反捕鯨国の中心的存在で、日本の調査捕鯨についての提訴を国際司法裁判所におこなったオーストラリアは、シーシェパードの妨害船の寄港を許したりもしているが、オーストラリア人が捕鯨に反対するのはどのような理由によるのだろうか。

オーストラリア近海では二〇世紀初頭、二〇〇〇頭を越える鯨が捕獲されているが、一九七八年には捕鯨が終わっている。背景には、一九六一年にジョン・リリーが著した『人間とイルカ』で提示された、鯨類には高い知能が備わっているという説に触発された反捕鯨の盛り上がりがあったとされる。ヨーロッパからオーストラリアに移住した人々は、もともと原住民アボリジニの生活領域だった土地を農地や牧場に転換する事で自分達の生活を打ち立てていったが、現在のオーストラリア人には、こうして成立した暮らしに依存した上で、(自分達が開発した地以外の)手つかずの自然の中で生き物を殺さない人道的な暮らしを理想とする倫理観を持ち、そうした倫理観を世界に示していく必要があると考えているとされる。またオーストラリアは南極大陸とその周辺海域に領土・領海・排他的経済水域を主張していて、主張水域にもオーストラリア鯨保護区(サンクチュアリ)を設定しているため、その範囲も含む海域でおこなわれる日本の調査捕鯨には、国内問題のような強い関心と反発があったと分析されている(「オーストラリアの反捕鯨思想と人々の考える『理想的なオーストラリア』」)。

3 日本近海での捕鯨とこんにちの鯨食

商業捕鯨モラトリアム発動後も、日本国内では、国際捕鯨取締条約が管轄するとされる一四種類以外の槌(つち)鯨やゴンドウ鯨を対象とした沿岸型ノルウェー式砲殺法による小型沿岸捕鯨が、和歌山県太地(たいじ)、千葉県和田、宮城県牡鹿（おしか）、北海道網走・釧路などを拠点とした五隻の小型砲殺捕鯨船によっておこなわれてきた。日本政府は小型沿岸捕鯨を先住民生存捕鯨に近いカテゴリーと位置づけ、ＩＷＣにミンク鯨の捕獲許可を申請し続けてきたが、却下されている（『人間と環境と文化』）。

また日本政府は、日本沿岸から東経一七〇度にかけての北西太平洋海域についても、北西太平洋鯨類捕獲調査（ＪＡＲＰＮ）を平成六年（一九九四）から平成一一年（一九九九）にかけて実施し、毎年一〇〇頭程度のミンク鯨を捕獲している。さらに平成一二年（二〇〇〇）からは、鯨の餌の嗜好や、鯨体の汚染物質の蓄積、系群構造の解明を目的とし、調査対象をミンク鯨以外のニタリ鯨、鰯鯨（いわしくじら）、抹香鯨まで拡大した第二期調査（ＪＡＲＰＮⅡ）を実施し、平成二九年（二〇一七）からは、日本近海でのミンク鯨や鰯鯨の捕獲枠算出を目的とした新北西太平洋鯨類科学調査（ＮＥＷＲＥＰ—ＮＰ）を行っているが、こうした調査の副産物である鯨肉も国内に供給されている。しかし一方で、南極海や北西太平洋の調査捕鯨で得られた鯨肉は、小型沿岸捕鯨によって供給される鯨肉より大量かつ廉価である事から、調査捕鯨が小型沿岸捕鯨の圧迫因子になっているという指摘もある。

混獲鯨の鯨肉販売に並ぶ生月島民

また定置網に様々な魚種と共に鯨が入る事があったことについては、第五章でも紹介した通りである。商業捕鯨モラトリアム後は、定置網に掛かった鯨も網の外に出す事となっていたが、現実的には大きな鯨を、網を破壊せずに出す事は不可能で、網の修理費用に加え、修理期間中には漁が中断するため、定置漁業者から多くの苦情が寄せられていた。そのため平成一三年（二〇〇一）には、定置網に混獲されて死んだ鯨についても、販売などを目的として処分する事が農林水産省令で許されている。平戸（ひらど）地域でも、春から夏にかけての時期に、定置網の混獲でミンク鯨や座頭鯨が取れる事があり、かつては一メートル単位で一〇〇万円程度の値段が付く事もあったため、定置網関係者にはボーナス感覚で喜ばれていたが、最近は値段が下がってきている。生月（いきつき）島では混獲鯨肉のうち半分程度が漁協の市場で販売されており、町内放送で報じられた販売時間になると多くの島民が並ぶ。

混獲鯨の鯨肉販売

生月島では商業捕鯨が中止された後も鯨肉は販売されてきたが、大変高価なものとなっていた。それでも正月や「おくんち」などの祝いの席には鯨料理が出されてきたが、旧捕鯨地である生月島でも、子ども達など若い世代は鯨料理を食べなくなってきている。

このような旧捕鯨地などの鯨食需要に、調査捕鯨から副産物として供給される鯨肉が対応してきた現状もある。また副産物の鯨肉の決まった割合（数%）は学校給食用に提供する事となっているが、その分は一般販売額の三分の一の価格で販売するため、副産物の販売を調査捕鯨の経費に充てている関係から、給食供給分には限度がある。それでも近年およそ年間一二〇〜一五〇トンが四〇程度の都道府県の延べ三〇〇〇～四〇〇〇校に提供されていて、例えば学校給食週間の時に鯨料理を出す場合も多い。鯨食給食に熱心に取り組んでいる全国の都市として釧路市、下関市、長崎市などがあり、下関市は月一回のペースで出している。他に和歌山県、石巻市、網走市なども熱心である（「おいしい給食いただきます」）。

また鯨料理を観光などで熱心に売り出している自治体もある。釧路市では鯨料理フェアを開催し、下関市は鯨料理マップを制作・配布している。他に南房総市、太地町、長崎市、平戸市などでも鯨料理をアピールしている。

令和元年（二〇一九）七月一日以降、日本は領海基線より二〇〇カイリ以内の排他的経済水域（EEZ）での商業捕鯨を再開し、小型砲殺捕鯨船五隻が沿岸で、これまで南極海などで調査捕鯨に従事してきた共同船舶の大型砲殺捕鯨船二隻と工船が沖合で操業し、年内にミンク鯨五二頭、ニタリ鯨一五〇頭、鰯鯨二五頭、計二二七頭の捕獲枠が設定される。日本の商業捕鯨復活の成否は、鯨の生息数を考慮した持続的捕獲システムの確立と共に、鯨食の普及・拡大にかかる所が大きい。

あとがき――日本捕鯨の過去・現在・未来

日本列島における捕鯨の歴史は、紀元前四〇〇〇年前の縄文時代早期末に始まるが、これは世界でも最古級の捕鯨活動と考えられる。その後中世に至るまでは、断切網などによる捕鯨が断続的におこなわれたと思われる。古式捕鯨業時代が始まる戦国時代後期に、専門の鯨組による突取法の捕鯨業が始まり、改良されながら各地に伝播するが、一六七七年には紀州太地で予め鯨を網に掛けて鯨の動きを制限して銛を突きやすくする日本独自の網掛突取法が発明され、主要な漁法となる。同漁法は日本捕鯨業文化の独自性を示す顕著な要素だが、同法や突取法以外にも断切網法や定置網法など各地で様々な捕鯨法がおこなわれている。また捕鯨で生産される鯨油、鯨肉その他の鯨製品を供給する流通体制も確立し、鯨油の需要や塩蔵鯨肉による鯨食文化も、西日本や日本海沿岸沿いに広がっていく。

海外との貿易が制限された江戸時代の日本列島では、徹底した資源管理で持続的な国土の利用を図るなかで、海産物を食料、肥料、資材として最大限に利用した。それによって人々の暮らしを維持したばかりか、江戸時代を通して人口は二倍に増大している。そうしたあり方は、同時期のヨーロッパにおいて、食料を含む様々な資源の確保するために植民地や通商国を拡大し、収奪的な生産や労働を展開していったのとは対照的である。

日本の古式捕鯨業も、列島における近世の持続的な生産システムの一翼を担っていた。日本の古式捕鯨業では、国内限定の漁場や技術的な制約によって捕獲数が資源回復のペースを大きく越える事は無かったが、加えて為政者や従事者の中にも、持続的な生産を重視する意識があり、その影響もあったと思われる。渡辺京二氏が幕末の話として紹介しているが、初代イギリス駐日公使のオールコックが幕府の役人に、近代的な設備を導入して石炭を増産する事を勧めた所、その役人は、石炭などの地下資源は一代で掘り尽くすものではなく、子々孫々が末永く使う財産なので産出量を増やす必要は無いという回答をしたという（『なぜいま人類史か』）。平戸藩でも領内の有用木は全て本数を把握し、種類によっては勝手に伐採すると死刑になる決まりがあった。そのような「限りある資源」という意識が、鯨に限らず全ての漁業に、乱獲に向かう事を抑制した側面もあったのではないかと思われる。

そうした意識の反映か、鯨取り達は鯨の豊漁を神に祈願しながら、捕獲した鯨の魂を念仏や法要、供養塔の建立などで手厚く供養している。いわば鯨を人と同等の一個の存在として認めながら捕殺したのであるが、これは当時の日本人と生き物の関係に普遍的なあり方であった。

欧米では、一一世紀頃にバスク地方で古式捕鯨業の段階が始まり、一七世紀の北大西洋・北極海でのオランダ・イギリスの操業を経て、一八世紀以降には北米東岸を拠点とする母工船型突取法による捕鯨が世界中の海に展開していく。同漁法も人力や自然力に依存する形態に留まっていたが、皮脂や脳油（抹香鯨のみ）からの鯨油生産を効率的におこなうため、肉や骨は投棄して速やかに次の捕獲に移る操業形態を取った事で、乱獲による鯨の減少を招いていく。当時の欧米人に取って人間は、神から世界の管理を託された存在であり、それゆえ生き物に対する生殺与奪の権限を与えられているという認識が存在し、欧米の鯨取りにとっての鯨は、単なる利益の対象に過ぎなかった。そして鯨から得られた油は、捕鯨産業に投資した者の利益を保証し、また都市の街灯の油や機械油として用いられる事で、欧米の産業革命の進展を支えたのである。

一八三〇年代以降、日本列島近海にもアメリカやイギリスなどの捕鯨母工船が進出し、その乱獲的操業によって列島沿岸に回遊する背美鯨等が激減した事で、日本の古式捕鯨業は大きな打撃を受ける。明治に入る頃には国内の食用鯨肉の需要も増加し、それに対応した長須鯨の捕獲を企図した網掛突取法の改良や、海外から銃殺法の導入などが図られるが、経営を大きく好転させるには至らなかった。

鯨の生息数の回復ベースを大きく越える高い捕獲効率を有するノルウェー式砲殺法は、一八六〇年代にヨーロッパで発明されて世界中に広まり、近代捕鯨業の主要漁法（捕鯨法）となる。日本も明治三〇年代に古式捕鯨業の漁法の殆どを廃止に追い込みながら同漁法を導入し、近代捕鯨業に移行する。これによって日本も独自性を有しつつ欧米捕鯨業文化圏に包括される事となるが、日本の近代捕鯨業の成立を可能ならしめたのは、古式捕鯨業時代に成立・発展してきた鯨肉を主とする鯨製品の需要とそれを支えた流通システム、そして漁場と消費地を結ぶ海運や鉄道の存在だった。さらに昭和九年（一九三四）には工船型ノルウェー式砲殺法が導入され、戦後には南極海における各国の捕獲競争（捕鯨オリンピック）に参入していく。

しかし沿岸でも極洋でも鯨の減少が次第に顕著となるなかで、鯨油生産主体のヨーロッパ諸国は次々と撤退し、鯨肉を主体に多様な鯨体利用の体系を確立していた日本が最後まで捕鯨を続ける事になる。古式捕鯨業時代以来、資本主義経済のもとで鯨の乱獲を進め、近代捕鯨業の成立を主導してきた欧米諸国が、鯨が減少する中で捕鯨の経済的価値を見限り撤退した上、環境保護・動物愛護思想の影響を受けて反捕鯨の立場を鮮明にしていく中で、近代捕鯨業の後発国だった日本は最後まで工船型ノルウェー式砲殺捕鯨を維持した事で、結果的に近代の業を背負った「悪役」の役回りを担う事になったのである。

商業捕鯨中止後も、日本は公海である南極海で、科学的根拠に基づいた鯨の想定生息数と、それに基づいた頭数回復に影響しない範囲の捕獲数での工船型ノルウェー式砲殺捕鯨（管理捕鯨）の実施を企図して、総数や捕獲数の検証に必要なデータの蓄積を目的とした調査捕鯨を実施する。しかし鯨の捕殺に反対する反捕鯨国は、調査捕鯨の科学的根拠に疑問を呈し、国際司法裁判所に提訴し、判決で日本の調査捕鯨の科学的根拠は否定される。この一連の捕鯨・反捕鯨のせめぎ合いの根底には、日本と欧米の間の自然観の違いなどもあるが、一方で日本が目指した管理捕鯨の確立のために、科学的根拠に基づく調査捕鯨に取り組んでいた事を理解して貰う努力を充分におこなったのかと問われると、そうだと言い切れない所もあり、その時々の政治的・外交的判断や、国内の鯨肉ストックなどの副次的な理由による妥協で、自ら科学的根拠を薄めてしまったようにも思える。

その後日本がＩＷＣに提案した改革案も否決された事で、最終的に日本はＩＷＣからの脱退を決める。この決定によって、日本近海において国際捕鯨取締条約が管轄するとされる一四種類を含めた商業捕鯨の再開が可能となったが、南極海での工船型ノルウェー式砲殺法による管理捕鯨の実現は絶望的となる。それは公海において高度な技術を科学的な資源量推定に則る管理制度で制御しながら、持続的な生産体制を確立する試みが頓挫した事を意味する。しかし自然のなかの特定の生物に限って不可侵の存在として永遠に保護し続ける事は、生態系のバランス面からして決して良い政策ではない事は確かである。そのように考えると、ＩＷＣに残って商業捕鯨モラトリアムに対する異議申し立てを再度行い、日本近海の商業捕鯨を再開しながら、公海での管理捕鯨確立のための努力を続けるという選択肢もあったのではないかとも思う。

管理捕鯨時代以降、日本国内の鯨肉食の嗜好地域は、旧捕鯨地や流通拠点などに限定されてきており、鯨料理も日常食から「ごちそう」へと変化し、若年層の鯨食離れも進行している。商業捕鯨再開後は、これまで砲殺捕鯨船によるノルウェー式砲殺捕鯨を継続してきた業者が、科学的根拠に基づく形で持続的操業が可能な捕獲頭数枠を算定して捕鯨をおこなっていく事になっている。この再開後の捕鯨が産業として成立できる可能性は、この管理捕鯨の形を厳守していく事とともに、それを支えるに足る十分な消費にかかっている。

これまで捕鯨に関して何らかの動きがあるたびに、「捕鯨は日本の伝統であり文化である」という物言いとともに、捕鯨を守る事が日本の伝統を守る事のような発言が、政治家やマスコミはじめ様々なメディアなどからなされてきた。しかし企業の論理で際限ない乱獲を続けた近代捕鯨業時代の捕鯨を、全て無条件に古式捕鯨業と一緒に伝統・文化という括りで捉える事には、正直気後れを感じる。他方、もし捕鯨がこんにちもっと経済的ウエイトがある重要産業であったら、却ってこれ程までに主張される事は無かったかも知れないとも思う。日本が捕鯨の継続を主張したところで、自国や他国の経済的利害を大きく脅かす事は無い。今回のＩＷＣ脱退も、アメリカが環境問題に比較的熱心な民主党政権でなく、共和党政権に加えて環境問題に批判的なトランプ政権下に狙いを定めてやったのではないかという印象すらある。政治にとって捕鯨問題は、当たり障りの無いナショナリズムの発露に好都合な素材だが、外交などで批判が出ると、あっさり主張を引っ込め、調査捕鯨の頭数を減らしたりと場当たり的な対応をしてきた。そのあげくのＩＷＣ脱退のように思えるのである。

資本主義や自由経済の限界が見えてきたこんにち、日本が取り組まなければならないのは、日本列島で近世以前に存在したような限りある資源という認識のもとで、捕獲や利用も含む持続的な人間と生き物の関係性に立った、科学的な裏付けを持つ管理捕鯨の実現と継続だと考える。そのためには、鯨の生息数や生態をなるべく正確に把握した上で、生息数に影響を及ぼさない範囲の捕獲数を導き出す科学的な取り組みや、そうして確立した持続的な捕鯨を厳格に守っていくぶれない政策がなによりも重要である。またそれと同時に、時々の経済や思想のあり方で乱獲から愛護に極端に振れる欧米社会の人間と生き物の関係性を相対的に捉えながら、日本人自身が鯨を含む自然との関わり方の歴史に深い関心を持ち、そこから「利益の追求」の呪縛から解き放たれた循環の思想を紡ぎだして発信していくことが大切ではないかと考えるのである。

二〇一九年六月

中園成生

【主要参考文献】

第一章

『改訂水産海洋ハンドブック』（竹内俊郎他編、生物研究社、二〇一〇）
『西海鯨鯢記』（谷村友三、一七二〇）（立平進編、平戸市教育委員会、一九八〇）
『鯨史稿』（大槻清準、一八〇八）（恒和出版、一九七六）
『日本捕鯨彙考』（服部徹編、大日本水産会、一八八八）
『明治期　日本捕鯨誌（復刻『本邦の諾威式捕鯨誌』）』（マツノ書店、一九八六）
『日本捕鯨史話』（福本和夫、法政大学出版局、一九六〇）
『土佐捕鯨史』（伊豆川浅吉、一九四三）（『日本常民文化資料叢書』第二三巻、三一書房、一九七三）
「捕鯨」伊豆川浅吉（「日本水産氏」日本常民文化研究所編、角川書店、一九五七）
「鯨の民俗」中園成生（『鯨イルカの民俗』谷川健一編、三一書房、一九九七）
『鯨取り絵物語』（中園成生・安永浩、弦書房、二〇〇九）

第二章

『つぐめの鼻遺跡』（長崎県教育委員会、一九八六）
「北西九州漁撈文化の特性」山崎純男（『季刊考古学』第二五号、名著出版、一九八八）
「鯨底の話」金田一精（『ミュージアム九州』六四号、一九九九）
『大和本草』（貝原益軒、一七〇八）（『益軒全集』巻之六、一九七三）
「対馬におけるイルカ漁の歴史と民俗」中村羊一郎（『静岡産業大学情報学部、研究紀要』第八号、二〇〇六）
『クジラとヒトの民族史』（秋道智彌、東京大学出版会、一九九四）
『噴火湾アイヌの捕鯨』（名取武光、一九四五）（『鯨イルカの民俗』谷川健一編、三一書房、一九九七）
『アイヌ　歴史と民俗』（更級源蔵、社会思想社、一九六八）
『開港と函館の産業・経済』函館史通説編第二巻（田端広、一九九〇）

第三章

『南知多町誌 本文編』（南知多町誌編さん委員会、一九九一）
『房南捕鯨―附鯨の墓』（吉原友吉、相澤文庫、一九八二）
「初期平戸町捕鯨組織家の人的考察」川渕龍（『歴史資料調査報告書』、平戸市教育委員会、一九九四）

「有川町捕鯨史」吉田敬市(『有川町郷土誌』一九七三)(『鯨イルカの民俗』谷川健一編、三一書房、一九九七)
「西海捕鯨業について」小葉田淳(『平戸学術調査報告』京都大学平戸学術調査団、一九五〇)
「壱岐捕鯨業のおこり」(『壱岐国史』山口麻太郎、国書刊行会、一九八二)
『クジラと生きる』(小島曠太郎・江上幹幸、中公新書、一九九九)
『伊根浦の歴史と民俗』(京都府立丹後郷土資料館、一九八七)
「イルカの民俗」中村羊一郎(『鯨イルカの民俗』谷川健一編、三一書房、一九九七)

第四章

『熊野太地浦捕鯨史』(熊野太地浦捕鯨史編纂委員会編、平凡社、一九六九)
「熊野灘の古式捕鯨組織」田上繁(『伊勢と熊野の海』小学館、一九九二)
「熊野地方の捕鯨業と太地鯨方」(『近世漁村の史的研究』笠原正夫、一九九三)
「近世の志摩・奥熊野・伊勢における捕鯨業」中田四朗(『海と人間』四号、海の博物館、一九七六)
『鯨の郷・土佐』(高知県立歴史民俗資料館、一九九二)
「土佐室戸浮津組捕鯨實録」吉岡高吉(『日本常民文化資料叢書』第二巻、三一書房、一九七三)
「土佐室戸浮津組捕鯨史料」アチック・ミューゼアム編(『日本常民文化資料叢書』第二巻、三一書房、一九七三)
『おらんく話(土佐津呂組捕鯨聞書)』(桂井和雄、一九五九)(『鯨イルカの民俗』谷川健一編、三一書房、一九九七)
『大村郷村記』一八六二(復刻第六巻、国書刊行会、一九八二)
「重利一世年代記」(『小値賀町郷土誌』所収、小値賀町郷土誌編纂委員会、一九七八)
『長州捕鯨考』(徳見光三、長門地方史料研究所、一九五七)
「西海捕鯨業における巨大鯨組の経営と組織」古賀康士(『地域漁業研究』第五六巻第二号二〇一六)
『玄海のくじら捕り』(佐賀県立博物館、一九八〇)
「鯨船」柴田惠司・高山久明(『海事史研究』三三号、一九七九)
「三重県下の捕鯨漁具」野村史隆(『海と人間』四号、一九七六)
「古式捕鯨銛とその有効射程」柴田惠司(『鯨研通信』三三七号、一九七九)

第五章

『クジラの世界』(イヴ・コア、創元社、一九九一)

「北海道捕鯨志」佐藤隆（『大日本水産會報』第二一六～二一、一九〇〇）
「朝鮮海捕鯨業」朝鮮海通漁組合連合会（『大日本水産會報』第二三四～三五、一九〇二）
『捕鯨I』（山下渉登、法政大学出版局、二〇〇四）
『クジラとアメリカ』（エリック・ジェイ・ドリン、原書房、二〇一四）
『日本開国史』（石井孝、吉川弘文館、一九七二）
「小川島捕鯨株式会社沿革（小川島捕鯨大意書）（復刻）」（『小川島捕鯨志』近世長崎文化資料刊行会、一九五七）
『明治期山口県捕鯨史の研究』（多田穂波、マツノ書店、一九七八）
「加唐島」坪井洋文（『離島生活の研究』国書刊行会、一九六六）
『見島と鯨』（多田穂波、見島と鯨編纂会、一九六八）（『鯨イルカの民俗』に復刻）
「台網から大敷網へ」小境卓治（『定置網の歴史と文化を探る』、平戸市生月町博物館・島の館、二〇一八）
『漁業誌料図解』一八八二（『五島列島漁業図解』長崎県漁業史研究会、一九九二）
「鯨をとる話（復刻）」小野重朗（『鯨イルカの民俗』谷川健一編、三一書房、一九九七）
『能登国採魚図絵』（北村穀実、一八三八）（『日本農書全集』五八、農山漁村文化協会、一九九五）
『北の捕鯨記』（板橋守邦、北海道新聞社、一九八九）
「長崎県の捕鯨と鰻漁」（『漁業誌』長崎県編、一八九六）（『鯨イルカの民俗』谷川健一編、三一書房、一九九七）
「平戸瀬戸の銃殺捕鯨」中園成生（『民具マンスリー』三二巻四号、日本常民文化研究所、一九九九）
『HARPOONS AND OTHER WHALECRAFT』（THOMAS G.LYTLE　一九八四）
「第四回内国勧業博覧会審査報告」一八九六（『捕鯨船』第二六号、一九九九）
「第二回水産博覧会審査報告」一八九九（『捕鯨船』第二六号、一九九九）
「捕鯨器械試験ノ実況」関澤明清（『大日本水産会報告』第六七、六八号、一八八七）
「捕鯨銃の実験」関澤明清（『大日本水産会報告』第一一七号、一八九二）
「大島及房州洋ノ捕鯨」関澤明清（『大日本水産会報告』第一二六号、一八九二）

第六章

「カンダラ異考」山口麻太郎（『民間伝承』第三巻第四号、一九三七）
「「かんだら」語意攷」倉田一郎（『民間伝承』第一一巻第六・

七号、一九四七）
「かんだら攷」倉田一郎（『民間伝承』第三巻第三号、一九三七）
『平戸オランダ商館の日記』第二輯（永積洋子訳、岩波書店、一九六九）
「『鯨組方一件』の研究」牧川鷹之祐（『筑紫女学園短大季要』四号、一九六九）
「中世から近世にかけての鯨料理」高正晴子（『食』NO五九、健康食品株式会社、一九九六）
『西海捕鯨の史的研究』鳥巣京一（九州大学出版会、一九九九）
「我国に於ける鯨體の利用」安藤俊吉（『大日本水産會報』第三五五～三六七号、一九一二～一三）
「近畿・中部地方に於ける鯨肉利用調査の報告概要」伊豆川浅吉（『鯨イルカの民俗』谷川健一編、三一書房一九九七）
『サネモリ起源考』伊藤清司（青土社、二〇〇一）
「筑前における注油法と底本および著者について」安川巌（『日本農書全集』三一、農山漁村文化協会、一九八一）
『除蝗録』（大蔵永常、一八二六）（『日本農書全集』一五、農山漁村文化協会、一九七七）
『九州表虫防方等聞合記』（宇兵衛ほか、一八四〇）（『日本農書全集』一一、農山漁村文化協会、一九七九）

第七章

『肥前州産物図考』（木崎攸々軒、一七七三）（『日本常民生活資料叢書』第一〇巻、三一書房、一九七〇）
「ぜあ木崎攸軒ぶろうず！」畑中久泰（『食』NO四八、健康食品株式会社、一九九三）
『西遊旅譚』（司馬江漢、一七九四）（『江戸・長崎絵紀行―西遊旅譚』国書刊行会、一九九二）
『勇魚取絵詞』（『日本常民生活資料叢書』第一〇巻、三一書房、一九七〇）
『小川島鯨鯢合戦』（豊秋亭里遊、一八四〇）（『日本農書全集』五八、農山漁村文化協会、一九九五）
「えびす神異考」中山太郎（『郷土趣味』第三巻第七号～第十号、一九二二）
『日本漁民史』（石田好数、三一書房、一九七八）
「漁村民俗誌」桜田勝徳（『桜田勝徳著作集』一、名著出版、一九八〇）
『宇久町郷土誌』（宇久町郷土誌編纂委員会、一九六七）
「西海捕鯨遺文」高田茂廣（『福岡市立歴史資料館研究報告』一二集、一九八八）
『日本民謡大観　九州編（北部）（復刻）』（日本放送出版協会、一九九四）

第八章

「諸威式捕鯨実験談」松牧三郎（『大日本水産会報』二二六～二九号、一九〇一）（『鯨イルカの民俗』谷川健一編、三一書房、一九九七）

「戦前1899―1945年の近代沿岸捕鯨の事業場と捕鯨船」宇仁義仁（『下関鯨類研究室報告』六、二〇一八）

『日本近海の捕鯨業とその資源』（笠原昊、日本水産株式会社研究所報告、第四号、一九五〇）

第九章

『鯨―クジラへの旅』（柴達彦、葦書房、一九八九）

『南氷洋捕鯨航海記』（大村秀雄著、粕谷俊雄編、鳥海書房、二〇〇〇）

『第二鯨学事始』（大村秀雄、講談社出版サービスセンター、一九八六）

「世界の捕鯨制度史及びその背景」重田芳二（『鯨研通信』一二八～一四二、一九六二～六三）

『くじらの文化人類学』（ミルトン・M・フリーマン編著、海鳴社、一九八九）

『捕鯨問題と日本の調査捕鯨』（日本鯨類研究所、一九九三）

『クジラを追って半世紀』（大隅清治、成山道書店、二〇〇八）

「国際捕鯨取締条約の加盟国とその変遷」大隅清治（『鯨研通信』三四六号、一九八二）

第一〇章

『日本人とくじら　増補版』（小松正之、雄山閣、二〇一九）

『日本鯨類研究所三十年誌』（日本鯨類研究所、二〇一八）

『最近捕鯨白書』（土井全二郎、丸善ライブラリー、一九九二）

『神聖なる聖獣』（河島基弘、ナカニシヤ出版、二〇一一）

『クジラコンプレックス』（石井敦・真田康弘、東京書籍、二〇一五）

「オーストラリアの反捕鯨思想と人々の考える「理想的なオーストラリア」」前川真由子（『国立民族学博物館研究報告』四二巻一号、二〇一七）

『人間と環境と文化』（岩崎・グッドマン・まさみ、清水弘文堂書房、二〇〇五）

「おいしい給食いただきます」（『週刊女性』二〇一七年一〇月一七日号）

おわりに

『なぜいま人類史か』（渡辺京二、洋泉社、二〇一一）

『日本の水産資源管理』（片野歩・阪口功、慶応義塾大学出版会、二〇一九）

【著者略歴】

中園成生（なかぞの・しげお）

一九六三年、福岡県生まれ。平戸市生月町博物館・島の館学芸員。熊本大学文学部（民俗学）卒業。佐賀県呼子町在職中より捕鯨史研究に取り組み、生月町（現平戸市）転職後、かくれキリシタン信仰の調査・研究にも取り組んでいる。

主な論文・著作に『かくれキリシタンの聖画』（共著、小学館、一九九九）、『生月島のかくれキリシタン』（島の館、二〇〇〇）、『くじら取りの系譜』（長崎新聞社、二〇〇一）、『かくれキリシタンとは何か』（弦書房、二〇一五）、『かくれキリシタンの起源』（弦書房、二〇一八）など。共著に『鯨取り絵物語』（弦書房、二〇〇九、第23回地方出版文化功労賞受賞）他。

日本捕鯨史（にほんほげいし）【概説】

二〇一九年七月三十日 第一刷発行
二〇二〇年一月二十日 第二刷発行

著者 中園成生（なかぞのしげお）
発行者 野村亮
発行所 古小烏舎
（〒810・0022）
福岡市中央区薬院二—一三—三三
VIP薬院八〇一
電話 〇九二・七〇七・一八五五
FAX 〇九二・七〇七・一八七五

印刷・製本 株式会社シナノパブリッシングプレス

ISBN978-4-910036-00-7 C0021